KB144131

조리능력 향상의 길잡이

한식조리

숙채

한혜영·김업식·신은채·안정화 공저

(주)백산출판사

머리말

과학기술의 발달은 사회 변동을 촉진하고 그 결과 사회는 점점 빠르게 변화되고 있다.
사회가 발달하고 경제상황이 좋아짐에 따라 식생활문화는 풍요로워졌고, 음식문화에 대한 인식변화를 가져오게 되었다.
음식은 단순한 영양섭취 목적보다는 건강을 지키고 오감을 만족시켜 행복지수를 높이며, 음식커뮤니케이션의 기능과 함께 오락기능을 더하고 있다.
이에 전문 조리사는 다양한 직업으로 분업화 · 세분화되어 활동하게 되는데, 그 인기도는 조리 전문 방송 프로그램이 많아진 것을 보면 쉽게 알 수 있다.
현재 우리나라는 국가직무능력표준(NCS: national competency standards)을 개발하여 산업현장에서 직무를 수행하기 위해 요구되는 지식, 기술을 국가적 차원에서 표준화하고 있다.
이 책은 조리의 기초적인 부분부터 조리사가 알아야 하는 전반적인 내용을 담고 있어 산업현장에 적합한 인적자원 양성에 도움이 되는 전문서가 될 것으로 생각하며, 조리능력 향상에 길잡이가 될 것으로 믿는다.
왜냐하면 특급호텔인 롯데와 인터컨티넨탈에서 15년간의 현장 경험과 15년의 교육 경력을 바탕으로 정확한 레시피와 자세한 설명을 곁들여 정리하였기 때문이다.
조리학문 발전을 위해 노력하신 많은 선배님들께 감사드리며, 늘 배려를 아끼지 않으시는 백산출판사 사장님 이하 직원분들께 머리 숙여 깊은 감사를 드린다.

조리인이여~
넓은 세상을 보고 많은 꿈을 꾸며, 희망을 가지고 남다른 노력을 한다면, 소망과 꿈은 이루어지리라.

대표저자 **한혜영**

CONTENTS

○ 한식조리기능사 실기 품목

NCS - 학습모듈의 위치

대분류	음식서비스
중분류	식음료조리·서비스
소분류	음식조리

세분류

세분류	능력단위	학습모듈명
한식조리	한식 위생관리	한식 위생관리
양식조리	한식 안전관리	한식 안전관리
중식조리	한식 메뉴관리	한식 메뉴관리
일식·복어조리	한식 구매관리	한식 구매관리
	한식 재료관리	한식 재료관리
	한식 기초 조리실무	한식 기초 조리실무
	한식 밥 조리	한식 밥 조리
	한식 죽 조리	한식 죽 조리
	한식 면류 조리	한식 면류 조리
	한식 국·탕 조리	한식 국·탕 조리
	한식 찌개 조리	한식 찌개 조리
	한식 전골 조리	한식 전골 조리
	한식 찜·선 조리	한식 찜·선 조리
	한식 조림·초 조리	한식 조림·초 조리
	한식 볶음 조리	한식 볶음 조리
	한식 전·적 조리	한식 전·적 조리
	한식 튀김 조리	한식 튀김 조리
	한식 구이 조리	한식 구이 조리
	한식 생채·회 조리	한식 생채·회 조리
	한식 숙채 조리	**한식 숙채 조리**
	김치 조리	김치 조리
	음청류 조리	음청류 조리
	한과 조리	한과 조리
	장아찌 조리	장아찌 조리

한식 숙채 조리 학습모듈의 개요

학습모듈의 목표

채소를 손질하여 물에 데치거나 삶아 양념으로 무치거나 볶아서 조리할 수 있다.

선수학습

한식조리기능사, 식품재료학, 조리원리, 식재료구매, 식품학

학습모듈의 내용체계

학습	학습내용	NCS 능력단위요소	
		코드번호	요소명칭
1. 숙채 재료 준비하기	1-1. 숙채 재료 준비	1301010130_16v3.1	숙채 재료 준비하기
2. 숙채 조리하기	2-1. 숙채 조리	1301010130_16v3.2	숙채 조리하기
3. 숙채 담기	3-1. 숙채 담아 완성	1301010130_16v3.3	숙채 담기

핵심 용어

숙채, 삶기, 데치기, 무치기, 볶기, 양념, 계량법, 기물

분류번호	1301010130_16v3
능력단위 명칭	한식 숙채 조리
능력단위 정의	한식 숙채 조리란 채소를 손질하여 물에 데치거나 삶아 양념으로 무치거나 볶아서 조리할 수 있는 능력이다.

능력단위요소	수행준거
1301010130_16v3.1 숙채 재료 준비하기	1.1 숙채의 종류에 맞추어 도구와 재료를 준비할 수 있다. 1.2 조리에 사용하는 재료를 필요량에 맞게 계량할 수 있다. 1.3 재료에 따라 요구되는 전처리를 수행할 수 있다.
	【지식】 • 도구 종류의 사용법 • 재료 전처리 • 재료성분과 특성 • 재료 신선도 선별
	【기술】 • 도구를 다룰 수 있는 능력 • 식재료의 신선도 선별능력 • 용도에 맞게 다룰 수 있는 능력 • 재료 전처리 능력 • 저장, 보관, 자르기의 능력
	【태도】 • 식재료 특성 관찰태도 • 바른 작업 태도 • 반복훈련태도 • 안전사항 준수태도 • 위생관리태도
1301010130_16v3.2 숙채 조리하기	2.1 양념장 재료를 비율대로 혼합, 조절할 수 있다. 2.2 조리법에 따라서 삶거나 데칠 수 있다. 2.3 양념이 잘 배합되도록 무치거나 볶을 수 있다.
	【지식】 • 삶는 방법 • 숙채 조리 방법 • 양념 재료 성분과 특성 • 양념 혼합 비율 계량 • 조리특성에 따른 양념 첨가 순서 • 재료 선별 • 조리과정 중의 물리화학적 변화에 관한 조리과학적 지식

<table>
<tr><td rowspan="2">1301010130_16v3.2
숙채 조리하기</td><td>【기술】
• 배합비율 능력
• 식감 있게 조리하는 능력
• 양념장 사용능력
• 양념장의 숙성능력
• 영양소의 손실을 최소화하는 능력
• 채소의 색 유지능력</td></tr>
<tr><td>【태도】
• 바른 작업 태도
• 조리과정을 관찰하는 태도
• 실험조리를 수행하는 과학적 태도
• 선선도 관찰 태도
• 안전사항 준수태도
• 위생관리태도</td></tr>
<tr><td rowspan="4">1301010130_16v3.3
숙채 담기</td><td>3.1 조리종류와 색, 형태, 인원수, 분량 등을 고려하여 그릇을 선택할 수 있다.
3.2 숙채의 색, 형태, 재료, 분량을 고려하여 그릇에 담아낼 수 있다.
3.3 조리종류에 따라 고명을 올리거나 양념장을 곁들일 수 있다.</td></tr>
<tr><td>【지식】
• 음식의 종류에 따라 그릇 선택
• 음식의 종류에 따른 적정온도</td></tr>
<tr><td>【기술】
• 그릇과 조화롭게 담아낼 수 있는 능력
• 조리에 맞는 그릇선택능력</td></tr>
<tr><td>【태도】
• 관찰태도
• 바른 작업 태도
• 반복훈련태도
• 안전사항 준수태도
• 위생관리태도</td></tr>
</table>

적용범위 및 작업상황

고려사항

- 숙채 조리 능력단위는 다음 범위가 포함된다.
  - 숙채류 : 고사리나물, 도라지나물, 애호박나물, 시금치나물, 숙주나물, 비름나물, 취나물, 무나물, 방풍나물, 고비나물, 깻잎나물, 오이나물, 콩나물, 머위나물, 시래기나물
  - 기타 채류 : 잡채, 원산잡채, 어채, 탕평채, 월과채, 죽순채, 칠절판, 구절판 등
- 숙채 조리의 전처리란 다듬기, 씻기, 삶기, 데치기, 자르기를 말한다.
- 숙채 양념장은 간장, 깨소금, 참기름, 들기름 등을 혼합하여 만들거나 겨자장을 사용한다.

자료 및 관련 서류

- 한식조리 전문서적
- 조리원리 전문서적, 관련자료
- 식품재료 관련 전문서적
- 식품위생법규 전문서적
- 원산지 확인서
- 조리도구 관리 체크리스트
- 조리도구 관련서적
- 식품영양 관련서적
- 식품재료의 원가, 구매, 저장 관련서적
- 안전관리수칙 서적
- 매뉴얼에 의한 조리과정, 조리결과 체크리스트
- 식자재 구매 명세서

장비 및 도구

- 조리용 칼, 도마, 믹서, 계량저울, 계량컵, 계량스푼, 조리용 젓가락, 온도계, 체, 조리용 집게, 조리용기, 양푼 등
- 가스레인지, 전기레인지 또는 가열도구
- 조리복, 조리모, 앞치마, 조리안전화, 행주, 분리수거용 봉투 등

재료

- 채소류, 육류, 어패류, 장류, 양념류 등

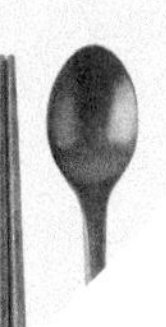

평가지침

평가방법

- 평가자는 능력단위 한식 숙채 조리의 수행준거에 제시되어 있는 내용을 평가하기 위해 이론과 실기를 나누어 평가하거나 종합적인 결과물의 평가 등 다양한 평가방법을 사용할 수 있다.
- 피평가자의 과정평가 및 결과평가 방법

평가방법	평가유형	
	과정평가	결과평가
A. 포트폴리오	V	V
B. 문제해결 시나리오		
C. 서술형시험	V	V
D. 논술형시험		
E. 사례연구		
F. 평가자 질문	V	V
G. 평가자 체크리스트	V	V
H. 피평가자 체크리스트		
I. 일지/저널		
J. 역할연기		
K. 구두발표		
L. 작업장평가	V	V
M. 기타		

평가 시 고려사항

- 수행준거에 제시되어 있는 내용을 성공적으로 수행할 수 있는지를 평가해야 한다.
- 평가자는 다음 사항을 평가해야 한다.
  - 조리복, 조리모 착용 및 개인 위생 준수능력
  - 위생적인 조리과정
  - 식재료 손질하기
  - 양념 준비과정
  - 조리의 순서
  - 숙채를 조리하는 능력
  - 채소 고유 색상 유지하여 조리하는 방법
  - 조화롭게 담아내는 능력
  - 조리도구의 사용 전, 후 세척
  - 조리 후 정리정돈 능력

직업기초능력

순번	직업기초능력	
	주요영역	하위영역
1	의사소통능력	경청 능력, 기초외국어 능력, 문서이해 능력, 문서작성 능력, 의사표현 능력
2	문제해결능력	문제처리 능력, 사고력
3	자기개발능력	경력개발 능력, 자기관리 능력, 자아인식 능력
4	정보능력	정보처리 능력, 컴퓨터활용 능력
5	기술능력	기술선택 능력, 기술이해 능력, 기술적용 능력
6	직업윤리	공동체윤리, 근로윤리

개발·개선 이력

구분		내용
직무명칭(능력단위명)		한식조리(한식 숙채 조리)
분류번호	기존	1301010110_15v3
	현재	1301010129_16v3,1301010130_16v3
개발·개선연도	현재	2016
	2차	2015
	최초(1차)	2014
버전번호		v3
개발·개선기관	현재	(사)한국조리기능장협회
	2차	
	최초(1차)	
향후 보완 연도(예정)		-

한식조리 숙채

이론
&
실기

한식조리 숙채 이론

숙채

나물은 가장 대중적인 찬품으로 원래는 생채(生菜)와 숙채(熟菜)의 총칭이나 지금은 대개 익은 나물인 숙채를 가리킨다.

나물 재료로는 거의 모든 채소가 쓰이는데, 푸른잎 채소는 끓는 물에 파랗게 데쳐서 갖은 양념으로 무치고, 고사리, 고비, 도라지는 삶아서 양념하여 볶는다. 말린 취, 고춧잎, 시래기 등은 불렸다가 삶아서 볶는다. 나물은 참기름과 깨소금을 넉넉히 넣고 무쳐야 부드럽고 맛있다. 신선한 산나물은 초고추장에 신맛이 나게 무치기도 한다.

정월 보름날에는 말려두었던 나물들을 꺼내어 잘 무르도록 삶아서 어떤 것은 물에 담가 쓴맛을 우려내어 깨끗이 씻은 다음 꼭 짜서 기름에 볶아내고, 또 일부는 물이나 고깃국물을 조금 넣어 뚜껑을 덮고 약한 불에 푹 끓여서 부드럽게 하여 생채소와는 다른 별미를 즐겼다.

이것을 진채식(陳菜食)이라고 하는데, 호박고지, 박고지, 가지오가리, 말린 버섯, 고사리, 고비, 시래기, 무, 취 등의 아홉 가지 나물을 준비하여 먹었다. 이렇게 묵은 나물을 먹으면 여름에 더위를 먹지 않는다고 전해지고 있다.

묵은 채소와 소고기 등과 함께 양념 간장(진간장)으로 무치는데 그중 청포묵무침을 탕평채라고 한다.

여러 재료를 볶아서 섞은 잡채, 탕평채, 죽순채 등도 숙채에 속한다.

월과채와 같이 나물에 밀가루나 찹쌀가루로 전병을 부쳐 채로 썰어서 같이 섞기도 하는데, 채소의 맛과 전병의 맛이 어울려서 별미이다. 또 나물은 구절판의 재료로도 이용되어 색과 맛을 풍부하게 해주기도 한다.

《동국세시기》에 의하면 “박고지, 표고버섯, 콩의 싹을 말린 대추황권, 순무, 무 등을 저장해 두는데 이것을 묵은나물(陳菜)이라 한다. 이것은 정월 상원에 조리하여 나물로 하여 먹는다. 이것들을 먹으면 더위를 먹지 않는다”고 하였다.

《증보산림경제》, 《농정회요》, 《임원십육지》, 《군학회등》, 《시위전서》, 《고사십이집》, 《산림경제》 등에서는 구체적인 조리법에 앞서 오이, 아욱, 가지, 토란, 고구마잎, 상추, 두릅, 부추, 송이, 구기, 원추리, 죽순, 참버섯 등에 대하여 효능 및 식용법 등을 설명하였다.

재배되는 나물로는 오이, 아욱, 가지, 토란, 고구마잎, 상추, 부추, 호박, 가지, 풋고추, 박나물, 무나물, 고춧잎 등이 있고, 《음식디미방》에서는 미시나물로 쓰는 법이 설명되어 있다. 곧 마구간 앞에 움을 파고 거름과 흙을 깔고 신감채(辛甘菜), 산개(山芥), 파, 마늘을 심고 그 움 위에 거름을 더 펴부으면 움 안이 더워서 그 속의 나물이 싹이 나서 자라면 겨울에 쓴다는 것이다.

발아시켜서 나물로 쓰는 콩나물, 숙주나물 등도 있다. 《산림경제》에서는 《거가필용》, 《한정록》의 두아채(豆芽菜)를 인용하였다. “녹두를 가려서 깨끗이 씻고 물에 이틀 밤 담가둔다. 물기를 흡수하여 팽창하면 새로운 물로 씻어서 그늘에 말린다. 지면을 깨끗이하여 물로 축인 뒤 한 겹으로 노석을 깐다. 여기에 콩을 펴고 분기(盆器)로 덮어둔다. 1일 2회 물을 뿌려서 싹의 길이가 1촌 정도 되기를 기다린다. 두피(豆皮)를 씻어내고 끓는 물에 데쳐 생강, 초, 기름, 소금으로 가미하여 먹는다”고 하였다.

《민기요람》에서는 숙주나물을 녹두장음이라 하였다. 속설에 의하면 숙주나물의 숙주는 신숙주에서 온 것이라 하는데, 그는 육신을 등지고 세조의 공신이 되었으며 죄 없는 남이를 죽이고 거듭 공신의 호를 받은 사람, 즉 서울 사람들의 미움을 받아 이른바 거성당한 것이라 하겠다. 서울지방 이외에서는 녹두나물이라 하였다. 또 《조선무쌍신식요리제법》에서는 “숙주라는 것은 우리나라 세조 임금 때 신숙주가 여섯 신하를 고변하여 죽인고로 미워하여 이 나물을 숙주라 한 것이니 이 나물을 만두소를 넣을 적에 짓이겨 넣는고로 신숙주를 이 나물 찧듯 하자 하여서 숙주라 하였으니, 이 사람이 나라를 위하여 그리하였다 하나 어찌 사람을 죽이고 영화를 구할까 보냐, 결코 성인군자는 못 된다”고 하였다. 또 숙주나물은 대단히 잘 쉰다. 따라서 신숙주의 변절을 숙주나물의 변패에 비겨서 숙주라 하였다는 속설도 있다.

산채(山菜)로는 도라지, 고사리, 두릅, 고비, 버섯 등이 있고, 들나물로는 고들빼기, 씀바귀, 소루장이, 물쑥, 달래 등이 있다. 요즘은 산채나 들나물의 일부가 재배되기도 한다. 이들 나물은 저마다 제철이 있고, 또 지역마다 특산 나물이 있다.

잡채의 유래

잡채(雜菜)는 《음식디미방》에서 "오이, 무, 녹두, 기름 등은 도라지, 거여목, 박고지 등을 삶아서 실실이 찢어 놓고 양념을 한다. 각색 재료를 가늘게 한 치씩 썰어 각각 기름, 간장에 볶아 교합하거나 각각 임의로 하되 큰 대접에 담는다. 즙을 느리고 된 것은 정중하게 붓고 천초, 후추, 생강을 뿌린다"고 하였다. 생것이나 삶거나 볶은 것을 섞는다 하였으니 일종의 잡느름이이다.

요즘의 잡채에는 의례히 당면을 쓰지만 본디의 잡채는 당면이 주가 되는 것은 아니고 버섯류와 향채류를 주재료로 하는 것이 원칙이다. 그런데 조자호의 《조선요리법》에서는 잡채란 분류항목을 두고 잡채, 족채, 겨자선, 탕평채, 구절판 등을 설명하고 있다.

당면의 기원

우리나라에서 당면의 기원은 6세기 초 《제민요술》에서 찾을 수 있고 《음식디미방(1670)》에도 기록되어 있지만 본격적으로 상품화된 것은 1912년 평양에서 일본인이 그전부터 소규모 당면공장을 운영하던 중국인으로부터 기술을 배워 대량생산을 시작하면서이다. 그 후 1920년 우리나라의 양재하란 사람이 황해도 사리원에 광흥공장을 개설하고 다수의 중국인을 고용해 천연동결에 의한 대량생산을 시작한 이후 평양의 일본인 공장은 경쟁에 이기지 못하고 문을 닫았다. 그러므로 오늘날 우리들이 즐겨 먹는 당면을 주재료로 한 잡채는 1912년 이후 당면의 폭넓은 보급에 따른 일종의 중국식 잡채이지, 조선식 잡채는 아니다.

숙채의 종류

숙채의 종류에는 죽순채, 탕평채, 오이나물, 가지나물, 도라지나물, 호박나물, 숙주나물, 무나물, 고비나물, 미나리나물, 잡채, 쑥갓나물, 파나물, 콩나물, 물쑥나물, 고사리나물, 풋나물, 시래기나물, 박나물, 게묵나물, 동과나물, 두릅나물, 황화채나물, 고춧잎나물, 취나물, 호박오가리나물, 구기자나물, 씀바귀나물, 버섯나물, 시금치나물, 표고나물, 순채, 청동호박나물, 깻잎나물, 양장구나물, 무김치나물, 심나물, 능이나물, 석이나물, 청동호박오가리나물, 방풍채, 상원채, 진산채, 진채식, 연근채, 동아돈채, 양하, 오이화채, 상추동나물, 각색채, 숙채, 냉이나물 등이 있다.

참고문헌

- 3대가 쓴 한국의 전통음식(황혜선 외, 교문사, 2010)
- 우리가 정말 알아야 할 우리 음식 백가지 1(한복진 외, 현암사, 1998)
- 조선시대의 음식문화(김상보, 가람기획, 2006)
- 천년한식견문록(정혜경, 생각의나무, 2009)
- 한국민속대관2(고려대학교민족문화연구소, 1980)
- 한국민족문화대백과사전(한국학중앙연구원, 1991)
- 한국요리문화사(이성우, 교문사, 1985)
- 한국의 음식문화(이효지, 신광출판사, 1998)

도라지나물

재료

- 통도라지 200g
- 식용유 1큰술
- 물 2큰술
- 국물용 멸치 20g

소금물

- 소금 1/2작은술
- 물 2컵

양념장

- 소금 1/2작은술
- 다진 대파 1작은술
- 다진 마늘 1/2작은술
- 깨소금 1작은술
- 참기름 1/2작은술

만드는 법

재료 확인하기

1 통도라지, 다진 대파, 다진 마늘, 참깨, 소금 등 확인하기

사용할 도구 선택하기

2 프라이팬, 믹싱볼, 나무젓가락 등을 선택하여 준비한다.

재료 계량하기

3 각각의 재료 분량을 컵과 계량스푼, 저울로 계량하기

재료 준비하기

4 도라지는 깨끗하게 씻어 돌려가면서 껍질을 벗긴다.

5 도라지는 0.4cm×6cm 편으로 썰어 0.4cm로 채를 썬다.

조리하기

6 도라지는 끓는 소금물에 데쳐 찬물에 담근다.

* 소금물에 자박자박 주물러 씻어 사용해도 좋다.

7 팬에 식용유를 두르고 데친 도라지, 다진 대파, 다진 마늘, 소금을 넣어 볶는다. 불을 끄고 참기름, 깨소금을 넣어 버무린다.

담아 완성하기

8 도라지나물 담을 그릇을 선택한다.

9 그릇에 도라지나물을 담는다.

평가자 체크리스트

학습내용	평가 항목	성취수준		
		상	중	하
숙채 재료 준비	위생적으로 식재료를 신선하게 선별하며, 재료에 따라 다듬을 수 있는 능력			
	재료의 특성에 맞게 데치고 삶을 때 물의 양을 조절할 수 있는 능력			
	식재료의 불순물을 깨끗이 씻고 변색이 안 되게 처리할 수 있는 능력			
숙채 조리	볶음이나, 무침, 주재료와 부재료의 특징을 살리고 불 조절을 잘할 수 있는 능력			
	물에 데칠 때 변색을 방지하는 능력			
	양념입자가 큰 순서대로 양념을 투입하여 음식의 맛이 상승할 수 있게 하는 능력			
숙채 담아 완성	그릇을 선택하는 능력			
	주재료와 부재료의 양에 따라 그릇을 선택하여 조화롭게 담을 수 있는 능력			

포트폴리오

학습내용	평가 항목	성취수준		
		상	중	하
숙채 재료 준비	재료에 따라 다듬을 수 있는 능력			
	재료의 특성에 맞게 자를 수 있는 능력			
	식재료를 씻어 준비하는 능력			
숙채 조리	볶음이나, 무침, 주재료와 부재료의 특징을 살리고 불 조절을 잘할 수 있는 능력			
	삶거나 데칠 때 나물의 색상의 형태와 특징을 잘 살릴 수 있는 능력			
	양념 투입순서에 따라 맛을 상승시킬 수 있는 능력			
숙채 담아 완성	계절에 따라 그릇을 선택하는 능력			
	조화롭게 담을 수 있는 능력			

서술형 평가

학습내용	평가 항목	성취수준		
		상	중	하
숙채 재료 준비	숙채에 따른 재료 손질 방법			
숙채 조리	볶음이나, 무침, 주재료와 부재료의 특징을 살리고 불 조절을 잘할 수 있는 방법			
	물에 데칠 때 변색을 방지하는 방법			
	양념입자가 큰 순서대로 양념을 투입하여 음식의 맛이 상승할 수 있게 하는 방법			

작업장 평가

학습내용	평가 항목	성취수준		
		상	중	하
숙채 재료 준비	재료에 따라 손질하는 능력			
	메뉴에 따라 칼질하는 능력			
숙채 조리	데치거나 볶아내는 능력			
	양념하여 버무리는 능력			
	고명을 준비하는 능력			
숙채 담아 완성	그릇의 형태에 따라 맛, 온도, 색, 양을 조절할 수 있는 능력			
	주재료와 부재료의 양에 따라 그릇을 선택하여 담을 수 있는 능력			
	숙채 종류와 고명의 비율에 따라 음식을 조화롭게 담을 수 있는 능력			

학습자 완성품 사진

시금치나물

재료

- 시금치 200g
- 실고추 약간

소금물

- 소금 1/2작은술
- 물 1L

양념장

- 국간장 1/4작은술
- 소금 1/4작은술
- 다진 대파 1/2작은술
- 다진 마늘 1/4작은술
- 깨소금 1/2작은술
- 참기름 1작은술

만드는 법

재료 확인하기

1 시금치, 소금, 국간장, 등 확인하기

사용할 도구 선택하기

2 프라이팬, 냄비, 믹싱볼, 나무젓가락 등을 선택하여 준비한다.

재료 계량하기

3 각각의 재료 분량을 컵과 계량스푼, 저울로 계량하기

재료 준비하기

4 시금치는 다듬어 뿌리를 자르고, 뿌리 쪽에 열십자로 칼집을 넣어 흐르는 물에 3~4회 씻은 후 6cm 길이로 썬다.

5 실고추는 2cm로 잘라 놓는다.

조리하기

6 끓는 소금물에 시금치를 데쳐 찬물에 헹군 뒤 물기를 짠다.

7 데친 시금치, 국간장, 소금, 다진 대파, 다진 마늘, 실고추, 깨소금, 참기름을 넣어 간이 고루 배도록 무친다.

담아 완성하기

8 시금치나물 담을 그릇을 선택한다.

9 그릇에 시금치나물을 담는다.

평가자 체크리스트

학습내용	평가 항목	성취수준		
		상	중	하
숙채 재료 준비	위생적으로 식재료를 신선하게 선별하며, 재료에 따라 다듬을 수 있는 능력			
	재료의 특성에 맞게 데치고 삶을 때 물의 양을 조절할 수 있는 능력			
	식재료의 불순물을 깨끗이 씻고 변색이 안 되게 처리할 수 있는 능력			
숙채 조리	볶음이나, 무침, 주재료와 부재료의 특징을 살리고 불 조절을 잘할 수 있는 능력			
	물에 데칠 때 변색을 방지하는 능력			
	양념입자가 큰 순서대로 양념을 투입하여 음식의 맛이 상승할 수 있게 하는 능력			
숙채 담아 완성	그릇을 선택하는 능력			
	주재료와 부재료의 양에 따라 그릇을 선택하여 조화롭게 담을 수 있는 능력			

포트폴리오

학습내용	평가 항목	성취수준		
		상	중	하
숙채 재료 준비	재료에 따라 다듬을 수 있는 능력			
	재료의 특성에 맞게 자를 수 있는 능력			
	식재료를 씻어 준비하는 능력			
숙채 조리	볶음이나, 무침, 주재료와 부재료의 특징을 살리고 불 조절을 잘할 수 있는 능력			
	삶거나 데칠 때 나물의 색상의 형태와 특징을 잘 살릴 수 있는 능력			
	양념 투입순서에 따라 맛을 상승시킬 수 있는 능력			
숙채 담아 완성	계절에 따라 그릇을 선택하는 능력			
	조화롭게 담을 수 있는 능력			

서술형 평가

학습내용	평가 항목	성취수준		
		상	중	하
숙채 재료 준비	숙채에 따른 재료 손질 방법			
숙채 조리	볶음이나, 무침, 주재료와 부재료의 특징을 살리고 불 조절을 잘할 수 있는 방법			
	물에 데칠 때 변색을 방지하는 방법			
	양념입자가 큰 순서대로 양념을 투입하여 음식의 맛이 상승할 수 있게 하는 방법			

작업장 평가

학습내용	평가 항목	성취수준		
		상	중	하
숙채 재료 준비	재료에 따라 손질하는 능력			
	메뉴에 따라 칼질하는 능력			
숙채 조리	데치거나 볶아내는 능력			
	양념하여 버무리는 능력			
	고명을 준비하는 능력			
숙채 담아 완성	그릇의 형태에 따라 맛, 온도, 색, 양을 조절할 수 있는 능력			
	주재료와 부재료의 양에 따라 그릇을 선택하여 담을 수 있는 능력			
	숙채 종류와 고명의 비율에 따라 음식을 조화롭게 담을 수 있는 능력			

학습자 완성품 사진

고사리나물

재료

- 삶은 고사리 140g
- 식용유 1큰술
- 육수 5큰술
- 참기름 1/2작은술
- 참깨 1/2작은술

양념장

- 국간장 1/2큰술
- 소금 1/2작은술
- 다진 대파 1작은술
- 다진 마늘 1/2작은술
- 깨소금 1/2작은술
- 참기름 1/2작은술
- 후춧가루 1/8작은술

만드는 법

재료 확인하기

1 삶은 고사리, 국간장, 소금, 다진 대파, 다진 마늘, 깨소금, 참기름, 후춧가루 등 확인하기

사용할 도구 선택하기

2 프라이팬, 나무젓가락 등을 선택하여 준비한다.

재료 계량하기

3 각각의 재료 분량을 컵과 계량스푼, 저울로 계량하기

재료 준비하기

4 고사리는 깨끗이 씻어 단단한 부분을 잘라내고 7cm 길이로 썬다.

조리하기

5 손질한 고사리에 국간장, 소금, 다진 대파, 다진 마늘, 깨소금, 참기름, 후춧가루를 넣어 양념한다.

6 팬에 식용유를 두르고 양념한 고사리를 넣어 볶고 육수 5큰술을 넣어 약한 불로 서서히 볶는다. 불을 끄고 참기름 1/2작은술과 참깨 1/2작은술을 넣어 잘 버무린다.

담아 완성하기

7 고사리나물 담을 그릇을 선택한다.

8 그릇에 고사리나물을 담는다.

평가자 체크리스트

학습내용	평가 항목	성취수준		
		상	중	하
숙채 재료 준비	위생적으로 식재료를 신선하게 선별하며, 재료에 따라 다듬을 수 있는 능력			
	재료의 특성에 맞게 데치고 삶을 때 물의 양을 조절할 수 있는 능력			
	식재료의 불순물을 깨끗이 씻고 변색이 안 되게 처리할 수 있는 능력			
숙채 조리	볶음이나, 무침, 주재료와 부재료의 특징을 살리고 불 조절을 잘할 수 있는 능력			
	물에 데칠 때 변색을 방지하는 능력			
	양념입자가 큰 순서대로 양념을 투입하여 음식의 맛이 상승할 수 있게 하는 능력			
숙채 담아 완성	그릇을 선택하는 능력			
	주재료와 부재료의 양에 따라 그릇을 선택하여 조화롭게 담을 수 있는 능력			

포트폴리오

학습내용	평가 항목	성취수준		
		상	중	하
숙채 재료 준비	재료에 따라 다듬을 수 있는 능력			
	재료의 특성에 맞게 자를 수 있는 능력			
	식재료를 씻어 준비하는 능력			
숙채 조리	볶음이나, 무침, 주재료와 부재료의 특징을 살리고 불 조절을 잘할 수 있는 능력			
	삶거나 데칠 때 나물의 색상의 형태와 특징을 잘 살릴 수 있는 능력			
	양념 투입순서에 따라 맛을 상승시킬 수 있는 능력			
숙채 담아 완성	계절에 따라 그릇을 선택하는 능력			
	조화롭게 담을 수 있는 능력			

서술형 평가

학습내용	평가 항목	성취수준		
		상	중	하
숙채 재료 준비	숙채에 따른 재료 손질 방법			
숙채 조리	볶음이나, 무침, 주재료와 부재료의 특징을 살리고 불 조절을 잘할 수 있는 방법			
	물에 데칠 때 변색을 방지하는 방법			
	양념입자가 큰 순서대로 양념을 투입하여 음식의 맛이 상승할 수 있게 하는 방법			

작업장 평가

학습내용	평가 항목	성취수준		
		상	중	하
숙채 재료 준비	재료에 따라 손질하는 능력			
	메뉴에 따라 칼질하는 능력			
숙채 조리	데치거나 볶아내는 능력			
	양념하여 버무리는 능력			
	고명을 준비하는 능력			
숙채 담아 완성	그릇의 형태에 따라 맛, 온도, 색, 양을 조절할 수 있는 능력			
	주재료와 부재료의 양에 따라 그릇을 선택하여 담을 수 있는 능력			
	숙채 종류와 고명의 비율에 따라 음식을 조화롭게 담을 수 있는 능력			

학습자 완성품 사진

생표고버섯나물

재료

- 생표고버섯 200g
- 청피망 30g
- 홍피망 30g
- 식용유 1큰술
- 참기름 1/2작은술
- 참깨 1/2작은술
- 소금 1/5작은술

소금물

- 소금 1/2작은술
- 물 3컵

양념장

- 소금 1/2작은술
- 다진 대파 1작은술
- 다진 마늘 1/2작은술

만드는 법

재료 확인하기

1 생표고버섯, 청피망, 홍피망, 소금, 다진 대파, 다진 마늘, 식용유 등 확인하기

사용할 도구 선택하기

2 프라이팬, 나무젓가락 등을 선택하여 준비한다.

재료 계량하기

3 각각의 재료 분량을 컵과 계량스푼, 저울로 계량하기

재료 준비하기

4 생표고버섯은 기둥을 떼고 은행잎 모양으로 찢는다.

5 청피망, 홍피망은 씨를 제거하고, 2cm×2cm 크기로 썬다.

조리하기

6 끓는 소금물에 생표고버섯을 데쳐 찬물에 헹군 뒤 물기를 짠다.

7 달구어진 팬에 식용유를 두르고 생표고버섯, 소금, 다진 대파, 다진 마늘을 넣어 볶는다. 청피망, 홍피망을 넣어 같이 볶는다.

8 참기름, 참깨를 넣어 버무린다.

담아 완성하기

9 생표고버섯나물 담을 그릇을 선택한다.

10 그릇에 생표고버섯나물을 담는다.

평가자 체크리스트

학습내용	평가 항목	성취수준		
		상	중	하
숙채 재료 준비	위생적으로 식재료를 신선하게 선별하며, 재료에 따라 다듬을 수 있는 능력			
	재료의 특성에 맞게 데치고 삶을 때 물의 양을 조절할 수 있는 능력			
	식재료의 불순물을 깨끗이 씻고 변색이 안 되게 처리할 수 있는 능력			
숙채 조리	볶음이나, 무침, 주재료와 부재료의 특징을 살리고 불 조절을 잘할 수 있는 능력			
	물에 데칠 때 변색을 방지하는 능력			
	양념입자가 큰 순서대로 양념을 투입하여 음식의 맛이 상승할 수 있게 하는 능력			
숙채 담아 완성	그릇을 선택하는 능력			
	주재료와 부재료의 양에 따라 그릇을 선택하여 조화롭게 담을 수 있는 능력			

포트폴리오

학습내용	평가 항목	성취수준		
		상	중	하
숙채 재료 준비	재료에 따라 다듬을 수 있는 능력			
	재료의 특성에 맞게 자를 수 있는 능력			
	식재료를 씻어 준비하는 능력			
숙채 조리	볶음이나, 무침, 주재료와 부재료의 특징을 살리고 불 조절을 잘할 수 있는 능력			
	삶거나 데칠 때 나물의 색상의 형태와 특징을 잘 살릴 수 있는 능력			
	양념 투입순서에 따라 맛을 상승시킬 수 있는 능력			
숙채 담아 완성	계절에 따라 그릇을 선택하는 능력			
	조화롭게 담을 수 있는 능력			

서술형 평가

학습내용	평가 항목	성취수준		
		상	중	하
숙채 재료 준비	숙채에 따른 재료 손질 방법			
숙채 조리	볶음이나, 무침, 주재료와 부재료의 특징을 살리고 불 조절을 잘할 수 있는 방법			
	물에 데칠 때 변색을 방지하는 방법			
	양념입자가 큰 순서대로 양념을 투입하여 음식의 맛이 상승할 수 있게 하는 방법			

작업장 평가

학습내용	평가 항목	성취수준		
		상	중	하
숙채 재료 준비	재료에 따라 손질하는 능력			
	메뉴에 따라 칼질하는 능력			
숙채 조리	데치거나 볶아내는 능력			
	양념하여 버무리는 능력			
	고명을 준비하는 능력			
숙채 담아 완성	그릇의 형태에 따라 맛, 온도, 색, 양을 조절할 수 있는 능력			
	주재료와 부재료의 양에 따라 그릇을 선택하여 담을 수 있는 능력			
	숙채 종류와 고명의 비율에 따라 음식을 조화롭게 담을 수 있는 능력			

학습자 완성품 사진

애호박나물

재료

- 애호박 1개 280g
- 붉은 고추 1/4개
- 소금 1작은술
- 식용유 1큰술
- 다진 대파 1큰술
- 다진 마늘 1/2큰술
- 물 2큰술
- 참기름 1/2큰술
- 참깨 1/2큰술

만드는 법

재료 확인하기

1 애호박, 붉은 고추, 소금, 식용유, 대파, 마늘 등 확인하기

사용할 도구 선택하기

2 프라이팬, 나무젓가락 등을 선택하여 준비한다.

재료 계량하기

3 각각의 재료 분량을 컵과 계량스푼, 저울로 계량하기

재료 준비하기

4 애호박을 깨끗하게 씻어 반으로 잘라 0.3cm 두께로 썬다.
5 애호박에 소금을 넣어 살짝 절인다.
6 붉은 고추는 씨를 제거하고 3cm 길이로 곱게 채를 썬다.

조리하기

7 팬에 식용유를 두르고 절여진 호박과 붉은 고추, 다진 대파, 다진 마늘, 물을 넣어 볶다가 호박이 파랗게 익으면 불을 끄고 참기름, 참깨를 넣어 버무린다.

담아 완성하기

8 애호박나물 담을 그릇을 선택한다.
9 그릇에 애호박나물을 담는다.

평가자 체크리스트

학습내용	평가 항목	성취수준		
		상	중	하
숙채 재료 준비	위생적으로 식재료를 신선하게 선별하며, 재료에 따라 다듬을 수 있는 능력			
	재료의 특성에 맞게 데치고 삶을 때 물의 양을 조절할 수 있는 능력			
	식재료의 불순물을 깨끗이 씻고 변색이 안 되게 처리할 수 있는 능력			
숙채 조리	볶음이나, 무침, 주재료와 부재료의 특징을 살리고 불 조절을 잘할 수 있는 능력			
	물에 데칠 때 변색을 방지하는 능력			
	양념입자가 큰 순서대로 양념을 투입하여 음식의 맛이 상승할 수 있게 하는 능력			
숙채 담아 완성	그릇을 선택하는 능력			
	주재료와 부재료의 양에 따라 그릇을 선택하여 조화롭게 담을 수 있는 능력			

포트폴리오

학습내용	평가 항목	성취수준		
		상	중	하
숙채 재료 준비	재료에 따라 다듬을 수 있는 능력			
	재료의 특성에 맞게 자를 수 있는 능력			
	식재료를 씻어 준비하는 능력			
숙채 조리	볶음이나, 무침, 주재료와 부재료의 특징을 살리고 불 조절을 잘할 수 있는 능력			
	삶거나 데칠 때 나물의 색상의 형태와 특징을 잘 살릴 수 있는 능력			
	양념 투입순서에 따라 맛을 상승시킬 수 있는 능력			
숙채 담아 완성	계절에 따라 그릇을 선택하는 능력			
	조화롭게 담을 수 있는 능력			

서술형 평가

학습내용	평가 항목	성취수준		
		상	중	하
숙채 재료 준비	숙채에 따른 재료 손질 방법			
숙채 조리	볶음이나, 무침, 주재료와 부재료의 특징을 살리고 불 조절을 잘할 수 있는 방법			
	물에 데칠 때 변색을 방지하는 방법			
	양념입자가 큰 순서대로 양념을 투입하여 음식의 맛이 상승할 수 있게 하는 방법			

작업장 평가

학습내용	평가 항목	성취수준		
		상	중	하
숙채 재료 준비	재료에 따라 손질하는 능력			
	메뉴에 따라 칼질하는 능력			
숙채 조리	데치거나 볶아내는 능력			
	양념하여 버무리는 능력			
	고명을 준비하는 능력			
숙채 담아 완성	그릇의 형태에 따라 맛, 온도, 색, 양을 조절할 수 있는 능력			
	주재료와 부재료의 양에 따라 그릇을 선택하여 담을 수 있는 능력			
	숙채 종류와 고명의 비율에 따라 음식을 조화롭게 담을 수 있는 능력			

학습자 완성품 사진

무나물

재료

- 무 300g
- 물 2/3컵
- 식용유 1큰술

양념장

- 다진 대파 2작은술
- 다진 마늘 1작은술
- 깨소금 1작은술
- 참기름 1작은술
- 소금 1작은술

만드는 법

재료 확인하기

1 무, 물, 식용유, 대파, 마늘, 참기름, 소금을 확인하기

사용할 도구 선택하기

2 프라이팬, 나무젓가락 등을 선택하여 준비한다.

재료 계량하기

3 각각의 재료 분량을 컵과 계량스푼, 저울로 계량하기

재료 준비하기

4 무는 껍질을 벗겨 6cm×0.4cm×0.4cm 정도로 채를 썬다.

조리하기

5 냄비에 채 썬 무와 물, 식용유를 넣어 10분 정도 익힌다.

6 무가 익으면 다진 대파, 다진 마늘, 깨소금, 참기름, 소금을 넣어 고루 볶아 버무린다.

담아 완성하기

7 무나물 담을 그릇을 선택한다.

8 그릇에 무나물을 담는다.

평가자 체크리스트

학습내용	평가 항목	성취수준		
		상	중	하
숙채 재료 준비	위생적으로 식재료를 신선하게 선별하며, 재료에 따라 다듬을 수 있는 능력			
	재료의 특성에 맞게 데치고 삶을 때 물의 양을 조절할 수 있는 능력			
	식재료의 불순물을 깨끗이 씻고 변색이 안 되게 처리할 수 있는 능력			
숙채 조리	볶음이나, 무침, 주재료와 부재료의 특징을 살리고 불 조절을 잘할 수 있는 능력			
	물에 데칠 때 변색을 방지하는 능력			
	양념입자가 큰 순서대로 양념을 투입하여 음식의 맛이 상승할 수 있게 하는 능력			
숙채 담아 완성	그릇을 선택하는 능력			
	주재료와 부재료의 양에 따라 그릇을 선택하여 조화롭게 담을 수 있는 능력			

포트폴리오

학습내용	평가 항목	성취수준		
		상	중	하
숙채 재료 준비	재료에 따라 다듬을 수 있는 능력			
	재료의 특성에 맞게 자를 수 있는 능력			
	식재료를 씻어 준비하는 능력			
숙채 조리	볶음이나, 무침, 주재료와 부재료의 특징을 살리고 불 조절을 잘할 수 있는 능력			
	삶거나 데칠 때 나물의 색상의 형태와 특징을 잘 살릴 수 있는 능력			
	양념 투입순서에 따라 맛을 상승시킬 수 있는 능력			
숙채 담아 완성	계절에 따라 그릇을 선택하는 능력			
	조화롭게 담을 수 있는 능력			

서술형 평가

학습내용	평가 항목	성취수준		
		상	중	하
숙채 재료 준비	숙채에 따른 재료 손질 방법			
숙채 조리	볶음이나, 무침, 주재료와 부재료의 특징을 살리고 불 조절을 잘할 수 있는 방법			
	물에 데칠 때 변색을 방지하는 방법			
	양념입자가 큰 순서대로 양념을 투입하여 음식의 맛이 상승할 수 있게 하는 방법			

작업장 평가

학습내용	평가 항목	성취수준		
		상	중	하
숙채 재료 준비	재료에 따라 손질하는 능력			
	메뉴에 따라 칼질하는 능력			
숙채 조리	데치거나 볶아내는 능력			
	양념하여 버무리는 능력			
	고명을 준비하는 능력			
숙채 담아 완성	그릇의 형태에 따라 맛, 온도, 색, 양을 조절할 수 있는 능력			
	주재료와 부재료의 양에 따라 그릇을 선택하여 담을 수 있는 능력			
	숙채 종류와 고명의 비율에 따라 음식을 조화롭게 담을 수 있는 능력			

학습자 완성품 사진

오이나물

재료

- 오이 1개(260g)
- 소금 1작은술
- 식용유 1큰술

양념

- 다진 대파 1작은술
- 다진 마늘 1/2작은술
- 참기름 1작은술
- 참깨 1/2작은술

만드는 법

재료 확인하기

1 오이, 소금, 식용유, 대파, 마늘, 참기름, 참깨를 확인하기

사용할 도구 선택하기

2 프라이팬, 나무젓가락 등을 선택하여 준비한다.

재료 계량하기

3 각각의 재료 분량을 컵과 계량스푼, 저울로 계량하기

재료 준비하기

4 오이는 소금 1/2작은술로 문질러 씻는다. 0.2cm 두께로 둥글게 썬다. 소금 1/2작은술에 버무려 절인다.

조리하기

5 썬 오이는 물기를 꼭 짠다.
6 달구어진 팬에 식용유를 두르고 절여진 오이, 다진 대파, 다진 마늘을 넣어 파랗게 볶고 참기름, 참깨를 넣어 버무린다.

담아 완성하기

7 오이나물 담을 그릇을 선택한다.
8 그릇에 오이나물을 담는다.

평가자 체크리스트

학습내용	평가 항목	성취수준		
		상	중	하
숙채 재료 준비	위생적으로 식재료를 신선하게 선별하며, 재료에 따라 다듬을 수 있는 능력			
	재료의 특성에 맞게 데치고 삶을 때 물의 양을 조절할 수 있는 능력			
	식재료의 불순물을 깨끗이 씻고 변색이 안 되게 처리할 수 있는 능력			
숙채 조리	볶음이나, 무침, 주재료와 부재료의 특징을 살리고 불 조절을 잘할 수 있는 능력			
	물에 데칠 때 변색을 방지하는 능력			
	양념입자가 큰 순서대로 양념을 투입하여 음식의 맛이 상승할 수 있게 하는 능력			
숙채 담아 완성	그릇을 선택하는 능력			
	주재료와 부재료의 양에 따라 그릇을 선택하여 조화롭게 담을 수 있는 능력			

포트폴리오

학습내용	평가 항목	성취수준		
		상	중	하
숙채 재료 준비	재료에 따라 다듬을 수 있는 능력			
	재료의 특성에 맞게 자를 수 있는 능력			
	식재료를 씻어 준비하는 능력			
숙채 조리	볶음이나, 무침, 주재료와 부재료의 특징을 살리고 불 조절을 잘할 수 있는 능력			
	삶거나 데칠 때 나물의 색상의 형태와 특징을 잘 살릴 수 있는 능력			
	양념 투입순서에 따라 맛을 상승시킬 수 있는 능력			
숙채 담아 완성	계절에 따라 그릇을 선택하는 능력			
	조화롭게 담을 수 있는 능력			

서술형 평가

학습내용	평가 항목	성취수준		
		상	중	하
숙채 재료 준비	숙채에 따른 재료 손질 방법			
숙채 조리	볶음이나, 무침, 주재료와 부재료의 특징을 살리고 불 조절을 잘할 수 있는 방법			
	물에 데칠 때 변색을 방지하는 방법			
	양념입자가 큰 순서대로 양념을 투입하여 음식의 맛이 상승할 수 있게 하는 방법			

작업장 평가

학습내용	평가 항목	성취수준		
		상	중	하
숙채 재료 준비	재료에 따라 손질하는 능력			
	메뉴에 따라 칼질하는 능력			
숙채 조리	데치거나 볶아내는 능력			
	양념하여 버무리는 능력			
	고명을 준비하는 능력			
숙채 담아 완성	그릇의 형태에 따라 맛, 온도, 색, 양을 조절할 수 있는 능력			
	주재료와 부재료의 양에 따라 그릇을 선택하여 담을 수 있는 능력			
	숙채 종류와 고명의 비율에 따라 음식을 조화롭게 담을 수 있는 능력			

학습자 완성품 사진

부추나물

재료

- 부추 200g
- 붉은 고추 1/8개

데친 물

- 소금 1작은술
- 물 4컵

양념

- 국간장 1작은술
- 간장 2작은술
- 다진 대파 2작은술
- 다진 마늘 1작은술
- 참기름 1큰술
- 참깨 1작은술

만드는 법

재료 확인하기

1 부추, 붉은 고추, 소금, 국간장, 간장, 대파, 마늘, 참기름, 참깨를 확인하기

사용할 도구 선택하기

2 프라이팬, 냄비, 믹싱볼, 나무젓가락 등을 선택하여 준비한다.

재료 계량하기

3 각각의 재료 분량을 컵과 계량스푼, 저울로 계량하기

재료 준비하기

4 부추는 깨끗이 다듬어 씻어 5cm로 썬다.
5 붉은 고추는 씨를 제거하고 1cm 길이로 곱게 채를 썬다.

조리하기

6 끓는 소금물에 부추를 데치고 찬물에 헹궈 물기를 제거한다.
7 부추에 국간장, 간장, 다진 대파, 다진 마늘, 참기름, 참깨를 넣어 조물조물 주물러 버무린다.

담아 완성하기

8 부추나물 담을 그릇을 선택한다.
9 그릇에 부추나물을 담는다.

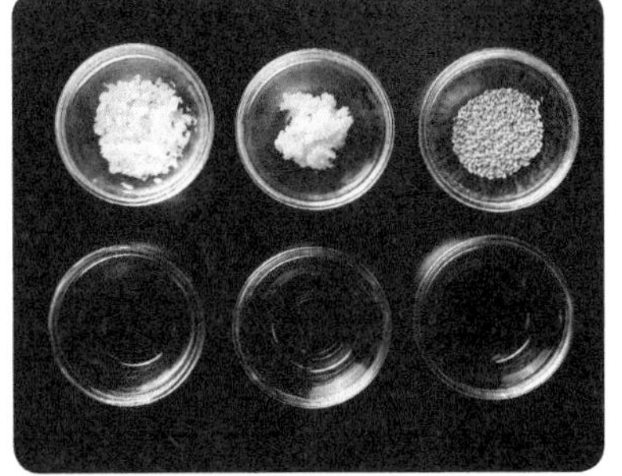

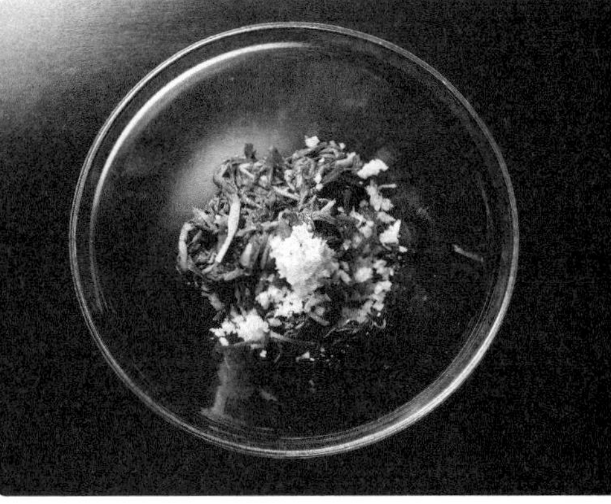

평가자 체크리스트

학습내용	평가 항목	성취수준		
		상	중	하
숙채 재료 준비	위생적으로 식재료를 신선하게 선별하며, 재료에 따라 다듬을 수 있는 능력			
	재료의 특성에 맞게 데치고 삶을 때 물의 양을 조절할 수 있는 능력			
	식재료의 불순물을 깨끗이 씻고 변색이 안 되게 처리할 수 있는 능력			
숙채 조리	볶음이나, 무침, 주재료와 부재료의 특징을 살리고 불 조절을 잘할 수 있는 능력			
	물에 데칠 때 변색을 방지하는 능력			
	양념입자가 큰 순서대로 양념을 투입하여 음식의 맛이 상승할 수 있게 하는 능력			
숙채 담아 완성	그릇을 선택하는 능력			
	주재료와 부재료의 양에 따라 그릇을 선택하여 조화롭게 담을 수 있는 능력			

포트폴리오

학습내용	평가 항목	성취수준		
		상	중	하
숙채 재료 준비	재료에 따라 다듬을 수 있는 능력			
	재료의 특성에 맞게 자를 수 있는 능력			
	식재료를 씻어 준비하는 능력			
숙채 조리	볶음이나, 무침, 주재료와 부재료의 특징을 살리고 불 조절을 잘할 수 있는 능력			
	삶거나 데칠 때 나물의 색상의 형태와 특징을 잘 살릴 수 있는 능력			
	양념 투입순서에 따라 맛을 상승시킬 수 있는 능력			
숙채 담아 완성	계절에 따라 그릇을 선택하는 능력			
	조화롭게 담을 수 있는 능력			

서술형 평가

학습내용	평가 항목	성취수준		
		상	중	하
숙채 재료 준비	숙채에 따른 재료 손질 방법			
숙채 조리	볶음이나, 무침, 주재료와 부재료의 특징을 살리고 불 조절을 잘할 수 있는 방법			
	물에 데칠 때 변색을 방지하는 방법			
	양념입자가 큰 순서대로 양념을 투입하여 음식의 맛이 상승할 수 있게 하는 방법			

작업장 평가

학습내용	평가 항목	성취수준		
		상	중	하
숙채 재료 준비	재료에 따라 손질하는 능력			
	메뉴에 따라 칼질하는 능력			
숙채 조리	데치거나 볶아내는 능력			
	양념하여 버무리는 능력			
	고명을 준비하는 능력			
숙채 담아 완성	그릇의 형태에 따라 맛, 온도, 색, 양을 조절할 수 있는 능력			
	주재료와 부재료의 양에 따라 그릇을 선택하여 담을 수 있는 능력			
	숙채 종류와 고명의 비율에 따라 음식을 조화롭게 담을 수 있는 능력			

학습자 완성품 사진

쑥갓나물

재료

- 쑥갓 150g
- 붉은 고추 1/2개

데칠 물

- 소금 1작은술
- 물 4컵

양념장

- 소금 1/2작은술
- 다진 대파 2작은술
- 다진 마늘 1작은술
- 참기름 1큰술
- 참깨 1작은술

만드는 법

재료 확인하기

1 쑥갓, 붉은 고추, 소금, 대파, 마늘, 참기름, 참깨를 확인하기

사용할 도구 선택하기

2 프라이팬, 냄비, 믹싱볼, 나무젓가락 등을 선택하여 준비한다.

재료 계량하기

3 각각의 재료 분량을 컵과 계량스푼, 저울로 계량하기

재료 준비하기

4 쑥갓은 깨끗이 다듬어 씻어 5cm로 썬다.
5 붉은 고추는 씨를 제거하고 2cm 길이로 곱게 채를 썬다.

조리하기

6 끓는 소금물에 쑥갓을 데치고 찬물에 헹궈 물기를 제거한다.
7 데친 쑥갓, 붉은 고추, 소금, 다진 대파, 다진 마늘, 참기름, 참깨를 넣어 고루 버무린다.

담아 완성하기

8 쑥갓나물 담을 그릇을 선택한다.
9 그릇에 쑥갓나물을 담는다.

평가자 체크리스트

학습내용	평가 항목	성취수준		
		상	중	하
숙채 재료 준비	위생적으로 식재료를 신선하게 선별하며, 재료에 따라 다듬을 수 있는 능력			
	재료의 특성에 맞게 데치고 삶을 때 물의 양을 조절할 수 있는 능력			
	식재료의 불순물을 깨끗이 씻고 변색이 안 되게 처리할 수 있는 능력			
숙채 조리	볶음이나, 무침, 주재료와 부재료의 특징을 살리고 불 조절을 잘할 수 있는 능력			
	물에 데칠 때 변색을 방지하는 능력			
	양념입자가 큰 순서대로 양념을 투입하여 음식의 맛이 상승할 수 있게 하는 능력			
숙채 담아 완성	그릇을 선택하는 능력			
	주재료와 부재료의 양에 따라 그릇을 선택하여 조화롭게 담을 수 있는 능력			

포트폴리오

학습내용	평가 항목	성취수준		
		상	중	하
숙채 재료 준비	재료에 따라 다듬을 수 있는 능력			
	재료의 특성에 맞게 자를 수 있는 능력			
	식재료를 씻어 준비하는 능력			
숙채 조리	볶음이나, 무침, 주재료와 부재료의 특징을 살리고 불 조절을 잘할 수 있는 능력			
	삶거나 데칠 때 나물의 색상의 형태와 특징을 잘 살릴 수 있는 능력			
	양념 투입순서에 따라 맛을 상승시킬 수 있는 능력			
숙채 담아 완성	계절에 따라 그릇을 선택하는 능력			
	조화롭게 담을 수 있는 능력			

서술형 평가

학습내용	평가 항목	성취수준		
		상	중	하
숙채 재료 준비	숙채에 따른 재료 손질 방법			
숙채 조리	볶음이나, 무침, 주재료와 부재료의 특징을 살리고 불 조절을 잘할 수 있는 방법			
	물에 데칠 때 변색을 방지하는 방법			
	양념입자가 큰 순서대로 양념을 투입하여 음식의 맛이 상승할 수 있게 하는 방법			

작업장 평가

학습내용	평가 항목	성취수준		
		상	중	하
숙채 재료 준비	재료에 따라 손질하는 능력			
	메뉴에 따라 칼질하는 능력			
숙채 조리	데치거나 볶아내는 능력			
	양념하여 버무리는 능력			
	고명을 준비하는 능력			
숙채 담아 완성	그릇의 형태에 따라 맛, 온도, 색, 양을 조절할 수 있는 능력			
	주재료와 부재료의 양에 따라 그릇을 선택하여 담을 수 있는 능력			
	숙채 종류와 고명의 비율에 따라 음식을 조화롭게 담을 수 있는 능력			

학습자 완성품 사진

묵나물

재료

- 마른 도토리묵 50g
- 빨강 파프리카 1/4개
- 노랑 파프리카 1/4개
- 청피망 1/4개
- 양파 1/4개
- 소금 1작은술
- 식용유 1큰술

양념장

- 설탕 1½큰술
- 간장 1½큰술
- 소금 1/6작은술
- 들기름 1/2큰술
- 깨소금 1/2큰술

만드는 법

재료 확인하기

1 마른 도토리묵, 빨강 파프리카, 노랑 파프리카, 청피망, 양파, 소금 등 확인하기

사용할 도구 선택하기

2 프라이팬, 믹싱볼, 나무젓가락 등을 선택하여 준비한다.

재료 계량하기

3 각각의 재료 분량을 컵과 계량스푼, 저울로 계량하기

재료 준비하기

4 마른 도토리묵은 미지근한 물에 1시간 정도 불린다.
5 파프리카, 피망의 씨는 제거하고 5cm×0.3cm×0.3cm 크기로 채를 썬다.
6 양파는 5cm×0.3cm 크기로 채를 썬다.

조리하기

7 달군 팬에 식용유를 두르고 파프리카, 피망, 양파는 각각 소금을 뿌려 센 불에서 살짝 볶는다.
8 불린 도토리묵은 끓는 물에 살짝 데친 후 체에 밭쳐 물기를 뺀다.
9 데친 도토리묵에 볶은 채소와 양념장을 넣고 버무린다.

담아 완성하기

10 묵나물 담을 그릇을 선택한다.
11 그릇에 묵나물을 담는다.
* 도토리묵 1모 400g을 1.5cm로 썰어 가정용 건조기를 이용하여 7시간을 말리면 50g이 된다.

평가자 체크리스트

학습내용	평가 항목	성취수준		
		상	중	하
숙채 재료 준비	위생적으로 식재료를 신선하게 선별하며, 재료에 따라 다듬을 수 있는 능력			
	재료의 특성에 맞게 데치고 삶을 때 물의 양을 조절할 수 있는 능력			
	식재료의 불순물을 깨끗이 씻고 변색이 안 되게 처리할 수 있는 능력			
숙채 조리	볶음이나, 무침, 주재료와 부재료의 특징을 살리고 불 조절을 잘할 수 있는 능력			
	물에 데칠 때 변색을 방지하는 능력			
	양념입자가 큰 순서대로 양념을 투입하여 음식의 맛이 상승할 수 있게 하는 능력			
숙채 담아 완성	그릇을 선택하는 능력			
	주재료와 부재료의 양에 따라 그릇을 선택하여 조화롭게 담을 수 있는 능력			

포트폴리오

학습내용	평가 항목	성취수준		
		상	중	하
숙채 재료 준비	재료에 따라 다듬을 수 있는 능력			
	재료의 특성에 맞게 자를 수 있는 능력			
	식재료를 씻어 준비하는 능력			
숙채 조리	볶음이나, 무침, 주재료와 부재료의 특징을 살리고 불 조절을 잘할 수 있는 능력			
	삶거나 데칠 때 나물의 색상의 형태와 특징을 잘 살릴 수 있는 능력			
	양념 투입순서에 따라 맛을 상승시킬 수 있는 능력			
숙채 담아 완성	계절에 따라 그릇을 선택하는 능력			
	조화롭게 담을 수 있는 능력			

서술형 평가

학습내용	평가 항목	성취수준		
		상	중	하
숙채 재료 준비	숙채에 따른 재료 손질 방법			
숙채 조리	볶음이나, 무침, 주재료와 부재료의 특징을 살리고 불 조절을 잘할 수 있는 방법			
	물에 데칠 때 변색을 방지하는 방법			
	양념입자가 큰 순서대로 양념을 투입하여 음식의 맛이 상승할 수 있게 하는 방법			

작업장 평가

학습내용	평가 항목	성취수준		
		상	중	하
숙채 재료 준비	재료에 따라 손질하는 능력			
	메뉴에 따라 칼질하는 능력			
숙채 조리	데치거나 볶아내는 능력			
	양념하여 버무리는 능력			
	고명을 준비하는 능력			
숙채 담아 완성	그릇의 형태에 따라 맛, 온도, 색, 양을 조절할 수 있는 능력			
	주재료와 부재료의 양에 따라 그릇을 선택하여 담을 수 있는 능력			
	숙채 종류와 고명의 비율에 따라 음식을 조화롭게 담을 수 있는 능력			

학습자 완성품 사진

삼색밀쌈

재료

- 소고기 우둔살 70g
- 불린 표고버섯 3장
- 오이 100g · 당근 60g
- 달걀 1개 · 식용유 2큰술
- 소금 1큰술 · 참기름 1작은술

밀전병흰색
- 밀가루 4큰술 · 물 5큰술
- 소금 약간

밀전병황색
- 밀가루 4큰술 · 당근 30g
- 소금 약간

밀전병녹색
- 밀가루 4큰술 · 오이 50g
- 소금 약간

고기양념
- 간장 1큰술 · 설탕 1/2큰술
- 다진 대파 1작은술
- 다진 마늘 1/2작은술
- 참기름 1/2작은술
- 참깨 1/4작은술
- 후춧가루 1/8작은술

겨자초간장
- 발효겨자 1작은술 · 물 1큰술
- 식초 1큰술 · 설탕 1/2큰술
- 소금 1/2작은술 · 간장 1/2작은술

만드는 법

재료 확인하기

1 소고기, 당근, 오이, 표고버섯, 달걀, 식용유, 소금, 설탕, 대파 등 확인하기

사용할 도구 선택하기

2 프라이팬, 나무젓가락 등을 선택하여 준비한다.

재료 계량하기

3 각각의 재료 분량을 컵과 계량스푼, 저울로 계량하기

재료 준비하기

4 소고기 우둔살은 결대로 0.2cm×0.2cm×5cm 길이로 채를 썬다.
5 미지근한 물에 불린 표고버섯은 곱게 채를 썬다.
6 당근은 껍질을 벗기고 0.2cm×0.2cm×5cm 길이로 채를 썬다.
7 오이는 돌려깎아 0.2cm×0.2cm×5cm 길이로 채를 썰고 소금에 절인다.
8 밀가루, 물, 소금을 잘 저어 고루 섞은 뒤 체에 내려 흰색 밀전병 반죽을 만든다.
9 밀가루, 오이즙, 소금을 잘 저어 고루 섞은 뒤 체에 내려 녹색 밀전병 반죽을 만든다.
10 밀가루, 당근즙, 소금을 잘 저어 고루 섞은 뒤 체에 내려 황색 밀전병 반죽을 만든다.

양념장 만들기

11 분량에 재료를 잘 섞어 고기양념을 만든다.
12 분량에 재료를 잘 섞어 겨자초간장을 만든다.

조리하기

13 팬에 기름을 바르고 삼색의 밀전병 반죽을 한 숟가락씩 떠놓아 둥글고 얇게 부친다.
14 달걀은 황·백으로 나누어 지단을 부쳐 0.2cm×0.2cm×5cm 길이로 채를 썬다.
15 절인 오이는 물기를 꼭 짜서 달구어진 팬에 식용유를 두르고 볶는다.
16 채 썬 소고기, 표고버섯은 고기양념으로 각각 버무려 양념을 하고, 달구어진 팬에 식용유를 두르고 볶는다.
17 당근은 달구어진 팬에 식용유를 두르고 소금 간을 하여 볶는다.
18 준비된 밀전병에 볶아 놓은 속재료를 잘 혼합하여 놓고 2cm 직경으로 단단히 말아서 싼다.

담아 완성하기

19 삼색밀쌈 담을 그릇을 선택한다.
20 그릇에 삼색밀쌈을 담는다. 겨자초간장을 곁들인다.

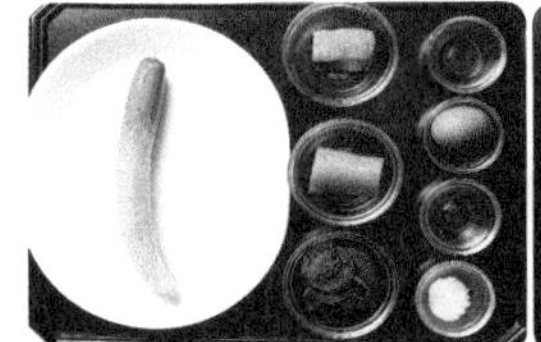
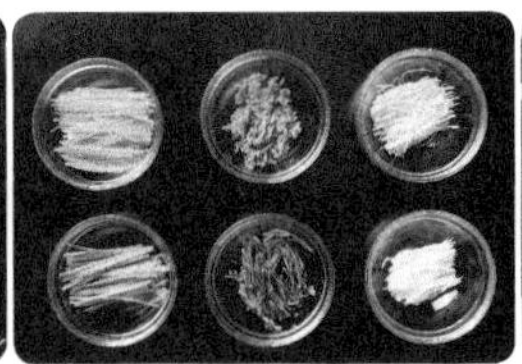

평가자 체크리스트

학습내용	평가 항목	성취수준		
		상	중	하
숙채 재료 준비	위생적으로 식재료를 신선하게 선별하며, 재료에 따라 다듬을 수 있는 능력			
	재료의 특성에 맞게 데치고 삶을 때 물의 양을 조절할 수 있는 능력			
	식재료의 불순물을 깨끗이 씻고 변색이 안 되게 처리할 수 있는 능력			
숙채 조리	볶음이나, 무침, 주재료와 부재료의 특징을 살리고 불 조절을 잘할 수 있는 능력			
	물에 데칠 때 변색을 방지하는 능력			
	양념입자가 큰 순서대로 양념을 투입하여 음식의 맛이 상승할 수 있게 하는 능력			
숙채 담아 완성	그릇을 선택하는 능력			
	주재료와 부재료의 양에 따라 그릇을 선택하여 조화롭게 담을 수 있는 능력			

포트폴리오

학습내용	평가 항목	성취수준		
		상	중	하
숙채 재료 준비	재료에 따라 다듬을 수 있는 능력			
	재료의 특성에 맞게 자를 수 있는 능력			
	식재료를 씻어 준비하는 능력			
숙채 조리	볶음이나, 무침, 주재료와 부재료의 특징을 살리고 불 조절을 잘할 수 있는 능력			
	삶거나 데칠 때 나물의 색상의 형태와 특징을 잘 살릴 수 있는 능력			
	양념 투입순서에 따라 맛을 상승시킬 수 있는 능력			
숙채 담아 완성	계절에 따라 그릇을 선택하는 능력			
	조화롭게 담을 수 있는 능력			

서술형 평가

학습내용	평가 항목	성취수준		
		상	중	하
숙채 재료 준비	숙채에 따른 재료 손질 방법			
숙채 조리	볶음이나, 무침, 주재료와 부재료의 특징을 살리고 불 조절을 잘할 수 있는 방법			
	물에 데칠 때 변색을 방지하는 방법			
	양념입자가 큰 순서대로 양념을 투입하여 음식의 맛이 상승할 수 있게 하는 방법			

작업장 평가

학습내용	평가 항목	성취수준		
		상	중	하
숙채 재료 준비	재료에 따라 손질하는 능력			
	메뉴에 따라 칼질하는 능력			
숙채 조리	데치거나 볶아내는 능력			
	양념하여 버무리는 능력			
	고명을 준비하는 능력			
숙채 담아 완성	그릇의 형태에 따라 맛, 온도, 색, 양을 조절할 수 있는 능력			
	주재료와 부재료의 양에 따라 그릇을 선택하여 담을 수 있는 능력			
	숙채 종류와 고명의 비율에 따라 음식을 조화롭게 담을 수 있는 능력			

학습자 완성품 사진

숙주채

재료

- 숙주 200g
- 미나리 40g
- 붉은 고추 1개
- 달걀 1개

양념

- 소금 1작은술
- 설탕 1작은술
- 식초 1작은술
- 다진 대파 1큰술
- 다진 마늘 1/2큰술
- 참기름 1작은술

만드는 법

재료 확인하기

1 숙주, 미나리, 붉은 고추, 달걀, 소금, 설탕, 식초 등 확인하기

사용할 도구 선택하기

2 프라이팬, 나무젓가락 등을 선택하여 준비한다.

재료 계량하기

3 각각의 재료 분량을 컵과 계량스푼, 저울로 계량하기

재료 준비하기

4 숙주는 머리와 꼬리를 떼어 놓는다.
5 미나리는 잎을 다듬고 4cm 길이로 썬다.
6 붉은 고추는 씨를 제거하고 3cm 길이로 곱게 채를 썬다.

조리하기

7 끓는 물에 숙주, 미나리를 각각 데쳐서 찬물에 헹군 뒤 물기를 짠다.
8 달걀은 황·백으로 지단을 부쳐서 4cm 길이로 채 썬다.
9 그릇에 숙주, 미나리, 고추, 지단과 양념을 넣어 버무린 뒤 참기름을 마지막에 넣어 버무린다.

담아 완성하기

10 숙주채 담을 그릇을 선택한다.
11 그릇에 숙주채를 보기 좋게 담는다.

평가자 체크리스트

학습내용	평가 항목	성취수준		
		상	중	하
숙채 재료 준비	위생적으로 식재료를 신선하게 선별하며, 재료에 따라 다듬을 수 있는 능력			
	재료의 특성에 맞게 데치고 삶을 때 물의 양을 조절할 수 있는 능력			
	식재료의 불순물을 깨끗이 씻고 변색이 안 되게 처리할 수 있는 능력			
숙채 조리	볶음이나, 무침, 주재료와 부재료의 특징을 살리고 불 조절을 잘할 수 있는 능력			
	물에 데칠 때 변색을 방지하는 능력			
	양념입자가 큰 순서대로 양념을 투입하여 음식의 맛이 상승할 수 있게 하는 능력			
숙채 담아 완성	그릇을 선택하는 능력			
	주재료와 부재료의 양에 따라 그릇을 선택하여 조화롭게 담을 수 있는 능력			

포트폴리오

학습내용	평가 항목	성취수준		
		상	중	하
숙채 재료 준비	재료에 따라 다듬을 수 있는 능력			
	재료의 특성에 맞게 자를 수 있는 능력			
	식재료를 씻어 준비하는 능력			
숙채 조리	볶음이나, 무침, 주재료와 부재료의 특징을 살리고 불 조절을 잘할 수 있는 능력			
	삶거나 데칠 때 나물의 색상의 형태와 특징을 잘 살릴 수 있는 능력			
	양념 투입순서에 따라 맛을 상승시킬 수 있는 능력			
숙채 담아 완성	계절에 따라 그릇을 선택하는 능력			
	조화롭게 담을 수 있는 능력			

서술형 평가

학습내용	평가 항목	성취수준		
		상	중	하
숙채 재료 준비	숙채에 따른 재료 손질 방법			
숙채 조리	볶음이나, 무침, 주재료와 부재료의 특징을 살리고 불 조절을 잘할 수 있는 방법			
	물에 데칠 때 변색을 방지하는 방법			
	양념입자가 큰 순서대로 양념을 투입하여 음식의 맛이 상승할 수 있게 하는 방법			

작업장 평가

학습내용	평가 항목	성취수준		
		상	중	하
숙채 재료 준비	재료에 따라 손질하는 능력			
	메뉴에 따라 칼질하는 능력			
숙채 조리	데치거나 볶아내는 능력			
	양념하여 버무리는 능력			
	고명을 준비하는 능력			
숙채 담아 완성	그릇의 형태에 따라 맛, 온도, 색, 양을 조절할 수 있는 능력			
	주재료와 부재료의 양에 따라 그릇을 선택하여 담을 수 있는 능력			
	숙채 종류와 고명의 비율에 따라 음식을 조화롭게 담을 수 있는 능력			

학습자 완성품 사진

죽순채

재료

- 죽순 100g · 소고기 50g
- 미나리 50g · 숙주 50g
- 붉은 고추 1/4개
- 불린 표고버섯 1장
- 달걀 1개
- 식용유 1큰술
- 소금 1작은술
- 참기름 1/2작은술

고기양념

- 간장 1/2큰술
- 설탕 2작은술
- 다진 대파 1작은술
- 다진 마늘 1/2작은술
- 깨소금 1작은술
- 참기름 1작은술
- 후춧가루 1/8작은술

초간장

- 간장 1큰술 · 식초 1큰술
- 설탕 1작은술
- 깨소금 1작은술
- 참기름 1/2작은술
- 다진 대파 2작은술
- 다진 마늘 1작은술

만드는 법

재료 확인하기

1 죽순, 소고기, 미나리, 숙주, 붉은 고추, 표고버섯, 달걀, 식용유, 간장 등 확인하기

사용할 도구 선택하기

2 프라이팬, 나무젓가락 등을 선택하여 준비한다.

재료 계량하기

3 각각의 재료 분량을 컵과 계량스푼, 저울로 계량하기

재료 준비하기

4 죽순은 흰 석회가 떨어지도록 잘 씻어 5cm 길이의 빗살모양으로 썬다.
5 소고기는 결대로 곱게 채를 썬다.
6 미나리는 잎을 떼고 줄기만 5cm 길이로 썬다.
7 숙주는 머리와 꼬리를 떼어낸다.
8 붉은 고추는 씨를 제거하고 3cm 길이로 곱게 채를 썬다.
9 표고버섯은 따뜻한 물에 불려 곱게 채 썰어 물에 헹군 뒤 물기를 꼭 짠다.

양념장 만들기

10 분량의 재료를 잘 섞어 고기양념을 만든다.
11 분량의 재료를 잘 섞어 초간장을 만든다.

조리하기

12 죽순은 끓는 소금물에 데친 뒤 찬물에 헹구어 물기를 제거한다. 팬에 식용유를 두르고 소금 간을 하여 살짝 볶는다.
13 숙주, 미나리는 끓는 소금물에 각각 데쳐서 찬물에 헹군다. 참기름과 소금으로 무친다.
14 달걀은 황·백으로 지단을 부쳐서 4cm 길이로 채 썬다.
15 소고기, 표고버섯은 고기양념으로 버무리고 각각 달구어진 팬에 식용유를 둘러서 볶는다.
16 채 썬 붉은 고추는 팬에 식용유를 두르고 소금 간을 하여 살짝 볶는다.
17 준비된 재료는 초간장으로 버무린다.

담아 완성하기

18 죽순채 담을 그릇을 선택한다.
19 죽순채를 그릇에 담고 달걀지단을 고명으로 얹는다.

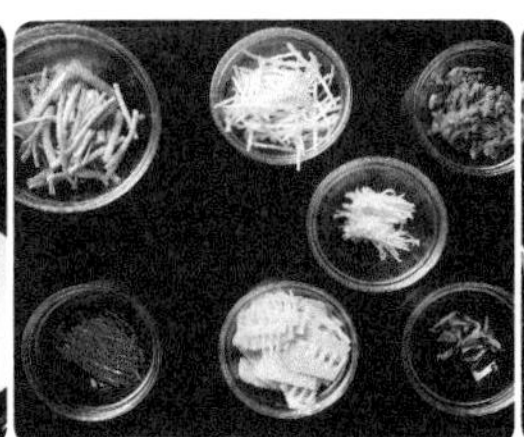

평가자 체크리스트

학습내용	평가 항목	성취수준		
		상	중	하
숙채 재료 준비	위생적으로 식재료를 신선하게 선별하며, 재료에 따라 다듬을 수 있는 능력			
	재료의 특성에 맞게 데치고 삶을 때 물의 양을 조절할 수 있는 능력			
	식재료의 불순물을 깨끗이 씻고 변색이 안 되게 처리할 수 있는 능력			
숙채 조리	볶음이나, 무침, 주재료와 부재료의 특징을 살리고 불 조절을 잘할 수 있는 능력			
	물에 데칠 때 변색을 방지하는 능력			
	양념입자가 큰 순서대로 양념을 투입하여 음식의 맛이 상승할 수 있게 하는 능력			
숙채 담아 완성	그릇을 선택하는 능력			
	주재료와 부재료의 양에 따라 그릇을 선택하여 조화롭게 담을 수 있는 능력			

포트폴리오

학습내용	평가 항목	성취수준		
		상	중	하
숙채 재료 준비	재료에 따라 다듬을 수 있는 능력			
	재료의 특성에 맞게 자를 수 있는 능력			
	식재료를 씻어 준비하는 능력			
숙채 조리	볶음이나, 무침, 주재료와 부재료의 특징을 살리고 불 조절을 잘할 수 있는 능력			
	삶거나 데칠 때 나물의 색상의 형태와 특징을 잘 살릴 수 있는 능력			
	양념 투입순서에 따라 맛을 상승시킬 수 있는 능력			
숙채 담아 완성	계절에 따라 그릇을 선택하는 능력			
	조화롭게 담을 수 있는 능력			

서술형 평가

학습내용	평가 항목	성취수준		
		상	중	하
숙채 재료 준비	숙채에 따른 재료 손질 방법			
숙채 조리	볶음이나, 무침, 주재료와 부재료의 특징을 살리고 불 조절을 잘할 수 있는 방법			
	물에 데칠 때 변색을 방지하는 방법			
	양념입자가 큰 순서대로 양념을 투입하여 음식의 맛이 상승할 수 있게 하는 방법			

작업장 평가

학습내용	평가 항목	성취수준		
		상	중	하
숙채 재료 준비	재료에 따라 손질하는 능력			
	메뉴에 따라 칼질하는 능력			
숙채 조리	데치거나 볶아내는 능력			
	양념하여 버무리는 능력			
	고명을 준비하는 능력			
숙채 담아 완성	그릇의 형태에 따라 맛, 온도, 색, 양을 조절할 수 있는 능력			
	주재료와 부재료의 양에 따라 그릇을 선택하여 담을 수 있는 능력			
	숙채 종류와 고명의 비율에 따라 음식을 조화롭게 담을 수 있는 능력			

학습자 완성품 사진

월과채

재료

- 애호박 1개
- 느타리 50g · 소고기 50g
- 불린 표고버섯 2개
- 붉은 고추 1/4개
- 달걀 1개
- 젖은 찹쌀가루(방앗간용) 1/2컵
- 참기름 1작은술
- 참깨 1작은술 · 식용유 2큰술

소금물

- 소금 2작은술 · 물 1/2컵

느타리버섯양념

- 식용유 1/2작은술
- 다진 마늘 1/4작은술
- 소금 1/4작은술

고기양념

- 간장 1큰술
- 설탕 1/2큰술
- 다진 대파 1작은술
- 다진 마늘 1/2작은술
- 참기름 1/2작은술
- 참깨 1/2작은술
- 후춧가루 1/8작은술

만드는 법

재료 확인하기

1 애호박, 느타리버섯, 소고기, 표고버섯, 붉은 고추, 달걀, 찹쌀가루 등 확인하기

사용할 도구 선택하기

2 프라이팬, 나무젓가락 등을 선택하여 준비한다.

재료 계량하기

3 각각의 재료 분량을 컵과 계량스푼, 저울로 계량하기

재료 준비하기

4 애호박을 깨끗하게 씻어 반으로 잘라 속을 파내고 0.5cm 두께로 썬다. 소금물에 살짝 절인다.
5 느타리버섯은 길게 찢는다.
6 소고기는 결대로 채를 썬다.
7 표고버섯은 따뜻한 물에 불려 곱게 채를 썬다.
8 붉은 고추는 씨를 제거하고 3cm 길이로 곱게 채 썬다.

양념장 만들기

9 분량의 재료를 잘 섞어 고기양념을 만든다.

조리하기

10 찹쌀가루는 끓는 물로 반죽하여 동글납작하게 빚어 지진다.
11 달걀은 황·백으로 지단을 부쳐서 4cm×0.3cm×0.3cm 크기로 채를 썬다.
12 끓는 소금물에 느타리버섯을 데쳐 찬물에 헹구어 물기를 짠다. 달구어진 팬에 식용유를 두르고 다진 마늘, 소금으로 간을 하여 볶는다.
13 소고기, 표고버섯은 고기양념으로 버무려 달구어진 팬에 식용유를 두르고 각각 볶는다.
14 애호박은 달구어진 팬에 식용유를 두르고 볶는다.
15 붉은 고추는 달구어진 팬에 식용유를 두르고 소금 간을 하여 살짝 볶는다.
16 준비된 재료를 섞어 참기름, 참깨로 버무린다.

담아 완성하기

17 월과채 담을 그릇을 선택한다.
18 그릇에 월과채를 보기 좋게 담는다. 황·백지단을 고명으로 얹는다.

평가자 체크리스트

학습내용	평가 항목	성취수준		
		상	중	하
숙채 재료 준비	위생적으로 식재료를 신선하게 선별하며, 재료에 따라 다듬을 수 있는 능력			
	재료의 특성에 맞게 데치고 삶을 때 물의 양을 조절할 수 있는 능력			
	식재료의 불순물을 깨끗이 씻고 변색이 안 되게 처리할 수 있는 능력			
숙채 조리	볶음이나, 무침, 주재료와 부재료의 특징을 살리고 불 조절을 잘할 수 있는 능력			
	물에 데칠 때 변색을 방지하는 능력			
	양념입자가 큰 순서대로 양념을 투입하여 음식의 맛이 상승할 수 있게 하는 능력			
숙채 담아 완성	그릇을 선택하는 능력			
	주재료와 부재료의 양에 따라 그릇을 선택하여 조화롭게 담을 수 있는 능력			

포트폴리오

학습내용	평가 항목	성취수준		
		상	중	하
숙채 재료 준비	재료에 따라 다듬을 수 있는 능력			
	재료의 특성에 맞게 자를 수 있는 능력			
	식재료를 씻어 준비하는 능력			
숙채 조리	볶음이나, 무침, 주재료와 부재료의 특징을 살리고 불 조절을 잘할 수 있는 능력			
	삶거나 데칠 때 나물의 색상의 형태와 특징을 잘 살릴 수 있는 능력			
	양념 투입순서에 따라 맛을 상승시킬 수 있는 능력			
숙채 담아 완성	계절에 따라 그릇을 선택하는 능력			
	조화롭게 담을 수 있는 능력			

서술형 평가

학습내용	평가 항목	성취수준		
		상	중	하
숙채 재료 준비	숙채에 따른 재료 손질 방법			
숙채 조리	볶음이나, 무침, 주재료와 부재료의 특징을 살리고 불 조절을 잘할 수 있는 방법			
	물에 데칠 때 변색을 방지하는 방법			
	양념입자가 큰 순서대로 양념을 투입하여 음식의 맛이 상승할 수 있게 하는 방법			

작업장 평가

학습내용	평가 항목	성취수준		
		상	중	하
숙채 재료 준비	재료에 따라 손질하는 능력			
	메뉴에 따라 칼질하는 능력			
숙채 조리	데치거나 볶아내는 능력			
	양념하여 버무리는 능력			
	고명을 준비하는 능력			
숙채 담아 완성	그릇의 형태에 따라 맛, 온도, 색, 양을 조절할 수 있는 능력			
	주재료와 부재료의 양에 따라 그릇을 선택하여 담을 수 있는 능력			
	숙채 종류와 고명의 비율에 따라 음식을 조화롭게 담을 수 있는 능력			

학습자 완성품 사진

참나물

재료

- 참나물 250g
- 소금 1작은술
- 붉은 고추 1/2개

양념

- 다진 대파 1큰술
- 다진 마늘 1/2큰술
- 참깨 2작은술
- 참기름 1큰술
- 소금 1/2작은술

만드는 법

재료 확인하기

1 참나물, 소금, 대파, 마늘, 참깨, 참기름을 확인하기

사용할 도구 선택하기

2 냄비, 도마, 칼, 가위, 자루 체 등 준비하기

재료 계량하기

3 각각의 재료분량을 컵과 저울 등으로 계량하기

재료 준비하기

4 참나물은 가지런하게 정리하여 줄기 10cm 부분만 남기고 가위로 자른다.

5 붉은 고추는 3cm 길이로 곱게 채를 썬다.

조리하기

6 끓는 물에 소금을 넣고 참나물을 데쳐서 찬물에 헹군다.

7 참나물에 물기를 제거하고 도마에 올려 먹기 좋은 크기로 썬다.

8 믹싱볼에 참나물을 담고 고추 썬 것, 대파, 마늘, 참깨, 참기름, 소금을 넣어 버무린다.

담아 완성하기

9 참나물을 담을 그릇을 선택한다.

10 그릇에 참나물을 보기 좋게 담는다.

평가자 체크리스트

학습내용	평가 항목	성취수준		
		상	중	하
숙채 재료 준비	위생적으로 식재료를 신선하게 선별하며, 재료에 따라 다듬을 수 있는 능력			
	재료의 특성에 맞게 데치고 삶을 때 물의 양을 조절할 수 있는 능력			
	식재료의 불순물을 깨끗이 씻고 변색이 안 되게 처리할 수 있는 능력			
숙채 조리	볶음이나, 무침, 주재료와 부재료의 특징을 살리고 불 조절을 잘할 수 있는 능력			
	물에 데칠 때 변색을 방지하는 능력			
	양념입자가 큰 순서대로 양념을 투입하여 음식의 맛이 상승할 수 있게 하는 능력			
숙채 담아 완성	그릇을 선택하는 능력			
	주재료와 부재료의 양에 따라 그릇을 선택하여 조화롭게 담을 수 있는 능력			

포트폴리오

학습내용	평가 항목	성취수준		
		상	중	하
숙채 재료 준비	재료에 따라 다듬을 수 있는 능력			
	재료의 특성에 맞게 자를 수 있는 능력			
	식재료를 씻어 준비하는 능력			
숙채 조리	볶음이나, 무침, 주재료와 부재료의 특징을 살리고 불 조절을 잘할 수 있는 능력			
	삶거나 데칠 때 나물의 색상의 형태와 특징을 잘 살릴 수 있는 능력			
	양념 투입순서에 따라 맛을 상승시킬 수 있는 능력			
숙채 담아 완성	계절에 따라 그릇을 선택하는 능력			
	조화롭게 담을 수 있는 능력			

서술형 평가

학습내용	평가 항목	성취수준		
		상	중	하
숙채 재료 준비	숙채에 따른 재료 손질 방법			
숙채 조리	볶음이나, 무침, 주재료와 부재료의 특징을 살리고 불 조절을 잘할 수 있는 방법			
	물에 데칠 때 변색을 방지하는 방법			
	양념입자가 큰 순서대로 양념을 투입하여 음식의 맛이 상승할 수 있게 하는 방법			

작업장 평가

학습내용	평가 항목	성취수준		
		상	중	하
숙채 재료 준비	재료에 따라 손질하는 능력			
	메뉴에 따라 칼질하는 능력			
숙채 조리	데치거나 볶아내는 능력			
	양념하여 버무리는 능력			
	고명을 준비하는 능력			
숙채 담아 완성	그릇의 형태에 따라 맛, 온도, 색, 양을 조절할 수 있는 능력			
	주재료와 부재료의 양에 따라 그릇을 선택하여 담을 수 있는 능력			
	숙채 종류와 고명의 비율에 따라 음식을 조화롭게 담을 수 있는 능력			

학습자 완성품 사진

느타리버섯나물

재료

- 느타리버섯 200g
- 소금 1작은술
- 풋고추 1개
- 식용유 1큰술

양념

- 다진 대파 1큰술
- 다진 마늘 1/2큰술
- 참깨 1/2작은술
- 참기름 1작은술
- 소금 1/2작은술

만드는 법

재료 확인하기

1 느타리버섯, 소금, 풋고추, 대파, 마늘, 참깨, 참기름을 확인하기

사용할 도구 선택하기

2 냄비, 도마, 칼, 자루 체 등 준비하기

재료 계량하기

3 각각의 재료분량을 컵과 저울 등으로 계량하기

재료 준비하기

4 느타리버섯은 길이로 찢는다.
5 풋고추는 3cm 길이로 곱게 채를 썬다.

조리하기

6 끓는 물에 소금을 넣고 느타리버섯을 데쳐서 찬물에 헹군다.
7 달구어진 팬에 식용유를 두르고 느타리버섯과 대파, 마늘, 소금을 넣어 고루 섞어 볶는다. 고추채를 넣어 한소끔 더 볶는다.
8 넓은 접시에 볶은 나물을 식히고 참기름과 참깨를 넣어 버무린다.

담아 완성하기

9 느타리버섯나물을 담을 그릇을 선택한다.
10 그릇에 느타리버섯나물을 보기 좋게 담는다.

평가자 체크리스트

학습내용	평가 항목	성취수준		
		상	중	하
숙채 재료 준비	위생적으로 식재료를 신선하게 선별하며, 재료에 따라 다듬을 수 있는 능력			
	재료의 특성에 맞게 데치고 삶을 때 물의 양을 조절할 수 있는 능력			
	식재료의 불순물을 깨끗이 씻고 변색이 안 되게 처리할 수 있는 능력			
숙채 조리	볶음이나, 무침, 주재료와 부재료의 특징을 살리고 불 조절을 잘할 수 있는 능력			
	물에 데칠 때 변색을 방지하는 능력			
	양념입자가 큰 순서대로 양념을 투입하여 음식의 맛이 상승할 수 있게 하는 능력			
숙채 담아 완성	그릇을 선택하는 능력			
	주재료와 부재료의 양에 따라 그릇을 선택하여 조화롭게 담을 수 있는 능력			

포트폴리오

학습내용	평가 항목	성취수준		
		상	중	하
숙채 재료 준비	재료에 따라 다듬을 수 있는 능력			
	재료의 특성에 맞게 자를 수 있는 능력			
	식재료를 씻어 준비하는 능력			
숙채 조리	볶음이나, 무침, 주재료와 부재료의 특징을 살리고 불 조절을 잘할 수 있는 능력			
	삶거나 데칠 때 나물의 색상의 형태와 특징을 잘 살릴 수 있는 능력			
	양념 투입순서에 따라 맛을 상승시킬 수 있는 능력			
숙채 담아 완성	계절에 따라 그릇을 선택하는 능력			
	조화롭게 담을 수 있는 능력			

서술형 평가

학습내용	평가 항목	성취수준		
		상	중	하
숙채 재료 준비	숙채에 따른 재료 손질 방법			
숙채 조리	볶음이나, 무침, 주재료와 부재료의 특징을 살리고 불 조절을 잘할 수 있는 방법			
	물에 데칠 때 변색을 방지하는 방법			
	양념입자가 큰 순서대로 양념을 투입하여 음식의 맛이 상승할 수 있게 하는 방법			

작업장 평가

학습내용	평가 항목	성취수준		
		상	중	하
숙채 재료 준비	재료에 따라 손질하는 능력			
	메뉴에 따라 칼질하는 능력			
숙채 조리	데치거나 볶아내는 능력			
	양념하여 버무리는 능력			
	고명을 준비하는 능력			
숙채 담아 완성	그릇의 형태에 따라 맛, 온도, 색, 양을 조절할 수 있는 능력			
	주재료와 부재료의 양에 따라 그릇을 선택하여 담을 수 있는 능력			
	숙채 종류와 고명의 비율에 따라 음식을 조화롭게 담을 수 있는 능력			

학습자 완성품 사진

브로콜리나물

재료

- 브로콜리 200g
- 소금 1작은술
- 볶은 통들깨 2큰술

양념

- 다진 대파 1큰술
- 다진 마늘 1/2큰술
- 참깨 2작은술
- 참기름 1큰술
- 소금 1/2작은술

만드는 법

재료 확인하기

1 브로콜리, 소금, 들깨, 대파, 마늘, 참깨, 참기름을 확인하기

사용할 도구 선택하기

2 냄비, 도마, 칼, 주걱 등 준비하기

재료 계량하기

3 각각의 재료분량을 컵과 저울 등으로 계량하기

재료 준비하기

4 브로콜리는 송이송이를 잘라내어 먹기 좋게 썬다.

조리하기

5 끓는 물에 소금을 넣고 브로콜리를 데쳐서 찬물에 헹군다.

6 달구어진 팬에 식용유를 두르고 브로콜리를 볶고 대파, 마늘, 소금을 넣어 고루 섞어 볶는다. 불을 끄고 들깨, 참깨, 참기름을 넣어 버무린다.

7 넓은 접시에 볶은 나물을 식힌다.

담아 완성하기

8 브로콜리나물 담을 그릇을 선택한다.

9 그릇에 브로콜리나물을 보기 좋게 담는다.

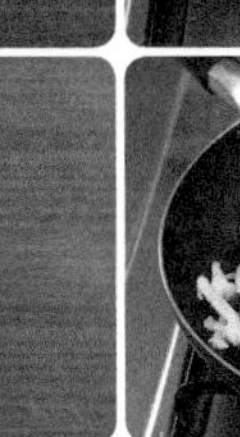

평가자 체크리스트

학습내용	평가 항목	성취수준		
		상	중	하
숙채 재료 준비	위생적으로 식재료를 신선하게 선별하며, 재료에 따라 다듬을 수 있는 능력			
	재료의 특성에 맞게 데치고 삶을 때 물의 양을 조절할 수 있는 능력			
	식재료의 불순물을 깨끗이 씻고 변색이 안 되게 처리할 수 있는 능력			
숙채 조리	볶음이나, 무침, 주재료와 부재료의 특징을 살리고 불 조절을 잘할 수 있는 능력			
	물에 데칠 때 변색을 방지하는 능력			
	양념입자가 큰 순서대로 양념을 투입하여 음식의 맛이 상승할 수 있게 하는 능력			
숙채 담아 완성	그릇을 선택하는 능력			
	주재료와 부재료의 양에 따라 그릇을 선택하여 조화롭게 담을 수 있는 능력			

포트폴리오

학습내용	평가 항목	성취수준		
		상	중	하
숙채 재료 준비	재료에 따라 다듬을 수 있는 능력			
	재료의 특성에 맞게 자를 수 있는 능력			
	식재료를 씻어 준비하는 능력			
숙채 조리	볶음이나, 무침, 주재료와 부재료의 특징을 살리고 불 조절을 잘할 수 있는 능력			
	삶거나 데칠 때 나물의 색상의 형태와 특징을 잘 살릴 수 있는 능력			
	양념 투입순서에 따라 맛을 상승시킬 수 있는 능력			
숙채 담아 완성	계절에 따라 그릇을 선택하는 능력			
	조화롭게 담을 수 있는 능력			

서술형 평가

학습내용	평가 항목	성취수준		
		상	중	하
숙채 재료 준비	숙채에 따른 재료 손질 방법			
숙채 조리	볶음이나, 무침, 주재료와 부재료의 특징을 살리고 불 조절을 잘할 수 있는 방법			
	물에 데칠 때 변색을 방지하는 방법			
	양념입자가 큰 순서대로 양념을 투입하여 음식의 맛이 상승할 수 있게 하는 방법			

작업장 평가

학습내용	평가 항목	성취수준		
		상	중	하
숙채 재료 준비	재료에 따라 손질하는 능력			
	메뉴에 따라 칼질하는 능력			
숙채 조리	데치거나 볶아내는 능력			
	양념하여 버무리는 능력			
	고명을 준비하는 능력			
숙채 담아 완성	그릇의 형태에 따라 맛, 온도, 색, 양을 조절할 수 있는 능력			
	주재료와 부재료의 양에 따라 그릇을 선택하여 담을 수 있는 능력			
	숙채 종류와 고명의 비율에 따라 음식을 조화롭게 담을 수 있는 능력			

학습자 완성품 사진

수험자 유의사항

1) 만드는 순서에 유의하며, 위생과 숙련된 기능평가를 위하여 조리작업 시 맛을 보지 않습니다.
2) 지정된 수험자 지참준비물 이외의 조리기구나 재료를 시험장 내에 지참할 수 없습니다.
3) 지급재료는 시험 전 확인하여 이상이 있을 경우 시험위원으로부터 조치를 받고 시험 중에는 재료의 교환 및 추가지급은 하지 않습니다.
4) 요구사항 및 지급재료의 규격은 "정도"의 의미를 포함하며, 재료의 크기에 따라 가감하여 채점됩니다.
5) 위생복, 위생모, 앞치마, 마스크를 착용하여야 하며, 시험장비 · 조리기구 취급 등 안전에 유의합니다.
6) 다음 사항은 실격에 해당하여 채점 대상에서 제외됩니다.
   - 가) 수험자 본인이 시험 도중 시험에 대한 포기 의사를 표현하는 경우
   - 나) 위생복, 위생모, 앞치마, 마스크를 착용하지 않은 경우
   - 다) 시험시간 내에 과제 두 가지를 제출하지 못한 경우
   - 라) 문제의 요구사항대로 과제의 수량이 만들어지지 않은 경우
   - 마) 구이를 조림 등으로 조리하여 완성품을 요구사항과 다르게 만든 경우
   - 바) 불을 사용하여 만든 조리작품이 작품특성에 벗어나는 정도로 타거나 익지 않은 경우
   - 사) 해당 과제의 지급재료 이외 재료를 사용하거나 석쇠 등 요구사항의 조리기구를 사용하지 않은 경우
   - 아) 지정된 수험자 지참준비물 이외의 조리기구를 조리에 사용한 경우
   - 자) 가스레인지 화구 2개 이상(2개 포함) 사용한 경우
   - 차) 시험 중 시설 · 장비(칼, 가스레인지 등) 사용 시 시험위원 및 타 수험자의 시험 진행에 위해를 일으킬 것으로 시험위원 전원이 합의하여 판단한 경우
   - 카) 요구사항에 표시된 실격 및 부정행위에 해당하는 경우
7) 항목별 배점은 위생상태 및 안전관리 5점, 조리기술 30점, 작품의 평가 15점입니다.
8) 시험시작 전 가벼운 몸 풀기(스트레칭) 동작으로 긴장을 풀고 시험을 시작합니다.

한식조리기능사
실기 품목

요구사항

※ 주어진 재료를 사용하여 다음과 같이 잡채를 만드시오.

가. 소고기, 양파, 오이, 당근, 도라지, 표고버섯은 0.3cm×0.3cm×6cm로 썰어 사용하시오.

나. 숙주는 데치고 목이버섯은 찢어서 사용하시오.

다. 당면은 삶아서 유장처리하여 볶으시오.

라. 황 · 백지단은 0.2cm×0.2cm×4cm로 썰어 고명으로 얹으시오.

잡채

재료

- 당면 20g
- 소고기(살코기, 길이 7cm) 30g
- 건표고버섯(지름 5cm, 물에 불린 것, 부서지지 않은 것) 1개
- 건목이버섯(지름 5cm, 물에 불린 것) 2개
- 양파(중, 150g) 1/3개
- 오이(가늘고 곧은 것, 길이 20cm) 1/3개
- 당근(곧은 것, 길이 7cm) 50g
- 통도라지(껍질 있는 것, 길이 20cm) 1개
- 숙주(생것) 20g
- 백설탕 10g
- 대파(흰 부분, 4cm) 1토막
- 마늘(중, 깐 것) 2쪽
- 진간장 20ml · 식용유 50ml
- 깨소금 5g · 검은후춧가루 1g
- 참기름 5ml
- 소금(정제염) 15g
- 달걀 1개

만드는 법

재료 확인하기

1 당면, 소고기, 당근, 오이, 양파, 목이버섯, 표고버섯, 달걀, 식용유, 소금, 설탕, 대파 등 확인하기

사용할 도구 선택하기

2 프라이팬, 나무젓가락 등을 선택하여 준비한다.

재료 계량하기

3 각각의 재료 분량을 컵과 계량스푼, 저울로 계량하기

재료 준비하기

4 소고기 우둔살은 결대로 0.3cm×0.3cm×6cm 길이로 채를 썬다.
5 표고버섯은 얇게 편으로 썰어 채를 썬다.
6 미지근한 물에 불린 목이버섯은 2.5cm×2.5cm 정도로 손으로 찢는다.
7 당근은 껍질을 벗기고 0.3cm×0.3cm×6cm 길이로 채를 썬다.
8 양파는 길이대로 0.3cm 두께로 채를 썬다.
9 오이는 돌려깎아 0.3cm×0.3cm×6cm 길이로 채 썰어 소금에 절인다.
10 도라지는 0.3cm×0.3cm×6cm 길이로 썰어 소금을 넣어 조물조물 주물러 씻는다.
11 당면은 물에 불린다.
12 숙주는 거두절미한다.

양념장 만들기

13 분량에 재료를 잘 섞어 고기양념을 만든다.
14 분량에 재료를 잘 섞어 당면양념을 만든다.

조리하기

15 달걀은 황·백으로 나누어 지단을 부쳐 0.2cm×0.2cm×4cm 길이로 채를 썬다.
16 소고기, 표고버섯은 고기양념으로 버무려 달구어진 팬에 식용유를 두르고 각각 볶는다.
17 목이버섯, 당근, 양파는 달구어진 팬에 식용유를 두르고 소금간을 하여 각각 볶는다.
18 오이는 물기를 짠 다음 달구어진 팬에 식용유를 두르고 볶는다.
19 손질한 도라지는 도라지양념으로 버무려서 달구어진 팬에 식용유를 두르고 볶는다.
20 불린 당면은 2번 정도 길이로 자르고 끓는 물에 부드럽게 삶아 양념으로 무친다. 양념한 당면은 팬에 살짝 볶는다.
21 지단을 남기고 준비한 재료들을 큰 그릇에 한데 모아 고루 섞는다.

담아 완성하기

22 잡채 담을 그릇을 선택한다.
23 그릇에 잡채를 담고 달걀지단을 고명으로 얹는다.

평가자 체크리스트

학습내용	평가 항목	성취수준		
		상	중	하
숙채 재료 준비	위생적으로 식재료를 신선하게 선별하며, 재료에 따라 다듬을 수 있는 능력			
	재료의 특성에 맞게 데치고 삶을 때 물의 양을 조절할 수 있는 능력			
	식재료의 불순물을 깨끗이 씻고 변색이 안 되게 처리할 수 있는 능력			
숙채 조리	볶음이나, 무침, 주재료와 부재료의 특징을 살리고 불 조절을 잘할 수 있는 능력			
	물에 데칠 때 변색을 방지하는 능력			
	양념입자가 큰 순서대로 양념을 투입하여 음식의 맛이 상승할 수 있게 하는 능력			
숙채 담아 완성	그릇을 선택하는 능력			
	주재료와 부재료의 양에 따라 그릇을 선택하여 조화롭게 담을 수 있는 능력			

포트폴리오

학습내용	평가 항목	성취수준		
		상	중	하
숙채 재료 준비	재료에 따라 다듬을 수 있는 능력			
	재료의 특성에 맞게 자를 수 있는 능력			
	식재료를 씻어 준비하는 능력			
숙채 조리	볶음이나, 무침, 주재료와 부재료의 특징을 살리고 불 조절을 잘할 수 있는 능력			
	삶거나 데칠 때 나물의 색상의 형태와 특징을 잘 살릴 수 있는 능력			
	양념 투입순서에 따라 맛을 상승시킬 수 있는 능력			
숙채 담아 완성	계절에 따라 그릇을 선택하는 능력			
	조화롭게 담을 수 있는 능력			

서술형 평가

학습내용	평가 항목	성취수준		
		상	중	하
숙채 재료 준비	숙채에 따른 재료 손질 방법			
숙채 조리	볶음이나, 무침, 주재료와 부재료의 특징을 살리고 불 조절을 잘할 수 있는 방법			
	물에 데칠 때 변색을 방지하는 방법			
	양념입자가 큰 순서대로 양념을 투입하여 음식의 맛이 상승할 수 있게 하는 방법			

작업장 평가

학습내용	평가 항목	성취수준		
		상	중	하
숙채 재료 준비	재료에 따라 손질하는 능력			
	메뉴에 따라 칼질하는 능력			
숙채 조리	데치거나 볶아내는 능력			
	양념하여 버무리는 능력			
	고명을 준비하는 능력			
숙채 담아 완성	그릇의 형태에 따라 맛, 온도, 색, 양을 조절할 수 있는 능력			
	주재료와 부재료의 양에 따라 그릇을 선택하여 담을 수 있는 능력			
	숙채 종류와 고명의 비율에 따라 음식을 조화롭게 담을 수 있는 능력			

학습자 완성품 사진

요구사항

※ 주어진 재료를 사용하여 다음과 같이 칠절판을 만드시오.

가. 밀전병은 지름이 8cm가 되도록 6개를 만드시오.

나. 채소와 황 · 백지단, 소고기는 0.2cm×0.2cm×5cm로 써시오.

다. 석이버섯은 곱게 채를 써시오.

칠절판

조리기능사 실기 품목

재료

- 소고기(살코기, 길이 6cm) 50g
- 오이(가늘고 곧은 것, 길이 20cm) 1/2개
- 당근(곧은 것, 길이 7cm) 50g
- 달걀 1개
- 석이버섯(마른 것, 부서지지 않은 것) 5g
- 밀가루(중력분) 50g
- 진간장 20ml
- 마늘(중, 깐 것) 2쪽
- 대파(흰 부분, 4cm) 1토막
- 검은후춧가루 1g
- 참기름 10ml
- 백설탕 10g
- 깨소금 5g
- 식용유 30ml
- 소금(정제염) 10g

만드는 법

재료 확인하기

1 소고기, 당근, 오이, 석이버섯, 달걀, 식용유, 소금, 설탕, 대파 등 확인하기

사용할 도구 선택하기

2 프라이팬, 나무젓가락 등을 선택하여 준비한다.

재료 계량하기

3 각각의 재료 분량을 컵과 계량스푼, 저울로 계량하기

재료 준비하기

4 소고기 우둔살은 결대로 0.2cm×0.2cm×5cm 길이로 채를 썬다.
5 미지근한 물에 불린 석이버섯은 곱게 채를 썬다.
6 당근은 껍질을 벗기고 0.2cm×0.2cm×5cm 길이로 채를 썬다.
7 오이는 돌려깎아 0.2cm×0.2cm×5cm 길이로 채를 썰고 소금에 절인다.
8 밀가루 1컵, 물 1×4컵, 소금 1/4작은술을 잘 저어 고루 섞어 체에 내려 밀전병 반죽을 만든다.
9 대파와 마늘은 씻어서 곱게 다진다.

양념장 만들기

10 간장 1작은술, 설탕 1/2작은술, 다진 대파 1/2작은술, 다진 마늘 1/2작은술, 참기름 1작은술, 깨소금 1/3작은술, 후춧가루 1/8작은술을 잘 섞어 고기양념을 만든다.

조리하기

11 팬에 기름을 바르고 밀전병 반죽을 한 숟가락씩 떠놓아 둥글고 얇게 직경 8cm가 되도록 8개를 부친다.
12 달걀은 황·백으로 나누어 지단을 부쳐 0.2cm×0.2cm×5cm 길이로 채를 썬다.
13 절인 오이는 물기를 꼭 짜서 달구어진 팬에 식용유를 두르고 볶는다.
14 채 썬 소고기에 고기양념으로 버무려 양념을 하고, 달구어진 팬에 식용유를 두르고 볶는다.
15 당근은 달구어진 팬에 식용유를 두르고 소금 간을 하여 볶는다.
16 석이버섯은 참기름, 소금으로 버무려 볶는다.

담아 완성하기

17 칠절판 담을 그릇을 선택한다.
18 그릇에 색스럽게 돌려 담고 가운데는 밀전병을 담는다.
* 밀전병 사이사이에 잣가루를 뿌리며 쌓으면 맛도 좋고 보기도 좋다.

평가자 체크리스트

학습내용	평가 항목	성취수준		
		상	중	하
숙채 재료 준비	위생적으로 식재료를 신선하게 선별하며, 재료에 따라 다듬을 수 있는 능력			
	재료의 특성에 맞게 데치고 삶을 때 물의 양을 조절할 수 있는 능력			
	식재료의 불순물을 깨끗이 씻고 변색이 안 되게 처리할 수 있는 능력			
숙채 조리	볶음이나, 무침, 주재료와 부재료의 특징을 살리고 불 조절을 잘할 수 있는 능력			
	물에 데칠 때 변색을 방지하는 능력			
	양념입자가 큰 순서대로 양념을 투입하여 음식의 맛이 상승할 수 있게 하는 능력			
숙채 담아 완성	그릇을 선택하는 능력			
	주재료와 부재료의 양에 따라 그릇을 선택하여 조화롭게 담을 수 있는 능력			

포트폴리오

학습내용	평가 항목	성취수준		
		상	중	하
숙채 재료 준비	재료에 따라 다듬을 수 있는 능력			
	재료의 특성에 맞게 자를 수 있는 능력			
	식재료를 씻어 준비하는 능력			
숙채 조리	볶음이나, 무침, 주재료와 부재료의 특징을 살리고 불 조절을 잘할 수 있는 능력			
	삶거나 데칠 때 나물의 색상의 형태와 특징을 잘 살릴 수 있는 능력			
	양념 투입순서에 따라 맛을 상승시킬 수 있는 능력			
숙채 담아 완성	계절에 따라 그릇을 선택하는 능력			
	조화롭게 담을 수 있는 능력			

서술형 평가

학습내용	평가 항목	성취수준		
		상	중	하
숙채 재료 준비	숙채에 따른 재료 손질 방법			
숙채 조리	볶음이나, 무침, 주재료와 부재료의 특징을 살리고 불 조절을 잘할 수 있는 방법			
	물에 데칠 때 변색을 방지하는 방법			
	양념입자가 큰 순서대로 양념을 투입하여 음식의 맛이 상승할 수 있게 하는 방법			

작업장 평가

학습내용	평가 항목	성취수준		
		상	중	하
숙채 재료 준비	재료에 따라 손질하는 능력			
	메뉴에 따라 칼질하는 능력			
숙채 조리	데치거나 볶아내는 능력			
	양념하여 버무리는 능력			
	고명을 준비하는 능력			
숙채 담아 완성	그릇의 형태에 따라 맛, 온도, 색, 양을 조절할 수 있는 능력			
	주재료와 부재료의 양에 따라 그릇을 선택하여 담을 수 있는 능력			
	숙채 종류와 고명의 비율에 따라 음식을 조화롭게 담을 수 있는 능력			

학습자 완성품 사진

요구사항

※ 주어진 재료를 사용하여 다음과 같이 탕평채를 만드시오.

가. 청포묵은 0.4cm×0.4cm×6cm로 썰어 데쳐서 사용하시오.

나. 모든 부재료의 길이는 4~5cm로 써시오.

다. 소고기, 미나리, 거두절미한 숙주는 각각 조리하여 청포묵과 함께 초간장으로 무쳐 담아내시오.

라. 황 · 백지단은 4cm 길이로 채 썰고, 김은 구워 부수어서 고명으로 얹으시오.

탕평채

조리기능사 실기 품목

재료

- 청포묵(중, 길이 6cm) 150g
- 소고기(살코기, 길이 5cm) 20g
- 숙주(생 것) 20g
- 미나리(줄기부분) 10g
- 달걀 1개
- 김 1/4장
- 진간장 20ml
- 마늘(중, 깐 것) 2쪽
- 대파(흰 부분 4cm정도) 1토막
- 검은후춧가루 1g
- 참기름 5ml
- 흰설탕 5g
- 깨소금 5g
- 식초 5ml
- 소금(정제염) 5g
- 식용유 10ml

만드는 법

재료 확인하기

1 청포묵, 소고기, 미나리, 숙주, 달걀, 식용유, 소금, 설탕, 대파 등 확인하기

사용할 도구 선택하기

2 프라이팬, 나무젓가락 등을 선택하여 준비한다.

재료 계량하기

3 각각의 재료 분량을 컵과 계량스푼, 저울로 계량하기

재료 준비하기

4 청포묵은 0.4cm×0.4cm×6cm 길이로 채를 썬다.
5 소고기 우둔살은 결대로 0.3cm×0.3cm×5cm 길이로 채를 썬다.
6 숙주는 머리와 꼬리를 떼어놓는다.
7 미나리는 잎을 다듬고 씻어 4cm 길이로 썬다.
8 마늘과 대파는 씻어서 곱게 다진다.

양념장 만들기

9 간장 1/2작은술, 설탕 1/2작은술, 다진 대파 1/4작은술, 다진 마늘 1/6작은술, 깨소금 약간, 참기름 1/4작은술, 후춧가루1/8작은술을 잘 섞어 고기양념을 만든다.
10 간장 1큰술, 식초 1작은술, 설탕 1작은술을 잘 섞어 초간장을 만든다.

조리하기

11 끓는 소금물에 청포묵을 데쳐서 찬물에 헹군 뒤 체에 밭쳐 물기를 뺀다.
12 끓는 소금물에 숙주, 미나리를 각각 데쳐서 찬물에 헹구어 물기를 짠다.
13 달걀은 황·백으로 나누어 지단을 부친 뒤 0.3cm×0.3cm×4cm 길이로 채를 썬다.
14 채 썬 소고기에 고기양념으로 버무려 양념을 하고, 달구어진 팬에 식용유를 두르고 볶는다.
15 김은 앞뒤로 살짝 구워 잘게 부순다.
16 그릇에 청포묵, 소고기, 미나리, 숙주를 초간장으로 버무린다.

담아 완성하기

17 탕평채 담을 그릇을 선택한다.
18 그릇에 탕평채를 담고 달걀지단과 김으로 고명을 얹는다.

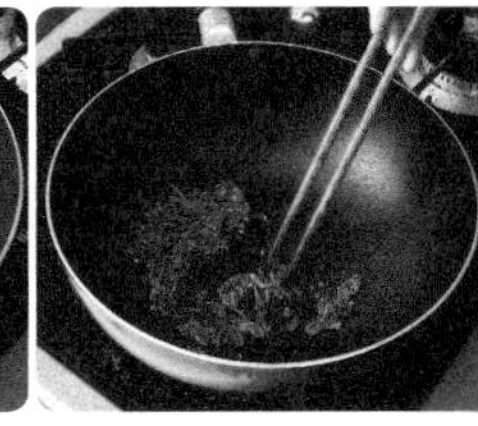

평가자 체크리스트

학습내용	평가 항목	성취수준		
		상	중	하
숙채 재료 준비	위생적으로 식재료를 신선하게 선별하며, 재료에 따라 다듬을 수 있는 능력			
	재료의 특성에 맞게 데치고 삶을 때 물의 양을 조절할 수 있는 능력			
	식재료의 불순물을 깨끗이 씻고 변색이 안 되게 처리할 수 있는 능력			
숙채 조리	볶음이나, 무침, 주재료와 부재료의 특징을 살리고 불 조절을 잘할 수 있는 능력			
	물에 데칠 때 변색을 방지하는 능력			
	양념입자가 큰 순서대로 양념을 투입하여 음식의 맛이 상승할 수 있게 하는 능력			
숙채 담아 완성	그릇을 선택하는 능력			
	주재료와 부재료의 양에 따라 그릇을 선택하여 조화롭게 담을 수 있는 능력			

포트폴리오

학습내용	평가 항목	성취수준		
		상	중	하
숙채 재료 준비	재료에 따라 다듬을 수 있는 능력			
	재료의 특성에 맞게 자를 수 있는 능력			
	식재료를 씻어 준비하는 능력			
숙채 조리	볶음이나, 무침, 주재료와 부재료의 특징을 살리고 불 조절을 잘할 수 있는 능력			
	삶거나 데칠 때 나물의 색상의 형태와 특징을 잘 살릴 수 있는 능력			
	양념 투입순서에 따라 맛을 상승시킬 수 있는 능력			
숙채 담아 완성	계절에 따라 그릇을 선택하는 능력			
	조화롭게 담을 수 있는 능력			

서술형 평가

학습내용	평가 항목	성취수준		
		상	중	하
숙채 재료 준비	숙채에 따른 재료 손질 방법			
숙채 조리	볶음이나, 무침, 주재료와 부재료의 특징을 살리고 불 조절을 잘할 수 있는 방법			
	물에 데칠 때 변색을 방지하는 방법			
	양념입자가 큰 순서대로 양념을 투입하여 음식의 맛이 상승할 수 있게 하는 방법			

작업장 평가

학습내용	평가 항목	성취수준		
		상	중	하
숙채 재료 준비	재료에 따라 손질하는 능력			
	메뉴에 따라 칼질하는 능력			
숙채 조리	데치거나 볶아내는 능력			
	양념하여 버무리는 능력			
	고명을 준비하는 능력			
숙채 담아 완성	그릇의 형태에 따라 맛, 온도, 색, 양을 조절할 수 있는 능력			
	주재료와 부재료의 양에 따라 그릇을 선택하여 담을 수 있는 능력			
	숙채 종류와 고명의 비율에 따라 음식을 조화롭게 담을 수 있는 능력			

학습자 완성품 사진

일일 개인위생 점검표(입실준비)

점검일 : 년 월 일 이름 :

점검 항목	착용 및 실시 여부	점검결과		
		양호	보통	미흡
조리모				
두발의 형태에 따른 손질(머리망 등)				
조리복 상의				
조리복 바지				
앞치마				
스카프				
안전화				
손톱의 길이 및 매니큐어 여부				
반지, 시계, 팔찌 등				
짙은 화장				
향수				
손 씻기				
상처유무 및 적절한 조치				
흰색 행주 지참				
사이드 타월				
개인용 조리도구				

일일 위생 점검표(퇴실준비)

점검일 : 년 월 일 이름 :

점검 항목	착용 및 실시 여부	점검결과		
		양호	보통	미흡
그릇, 기물 세척 및 정리정돈				
기계, 도구, 장비 세척 및 정리정돈				
작업대 청소 및 물기 제거				
가스레인지 또는 인덕션 청소				
양념통 정리				
남은 재료 정리정돈				
음식 쓰레기 처리				
개수대 청소				
수도 주변 및 세제 관리				
바닥 청소				
청소도구 정리정돈				
전기 및 Gas 체크				

일일 개인위생 점검표(입실준비)

점검일 : 년 월 일 이름 :

점검 항목	착용 및 실시 여부	점검결과		
		양호	보통	미흡
조리모				
두발의 형태에 따른 손질(머리망 등)				
조리복 상의				
조리복 바지				
앞치마				
스카프				
안전화				
손톱의 길이 및 매니큐어 여부				
반지, 시계, 팔찌 등				
짙은 화장				
향수				
손 씻기				
상처유무 및 적절한 조치				
흰색 행주 지참				
사이드 타월				
개인용 조리도구				

일일 위생 점검표(퇴실준비)

점검일 : 년 월 일 이름 :

점검 항목	착용 및 실시 여부	점검결과		
		양호	보통	미흡
그릇, 기물 세척 및 정리정돈				
기계, 도구, 장비 세척 및 정리정돈				
작업대 청소 및 물기 제거				
가스레인지 또는 인덕션 청소				
양념통 정리				
남은 재료 정리정돈				
음식 쓰레기 처리				
개수대 청소				
수도 주변 및 세제 관리				
바닥 청소				
청소도구 정리정돈				
전기 및 Gas 체크				

일일 개인위생 점검표(입실준비)

점검일 :　　년　　월　　일　　이름 :

점검 항목	착용 및 실시 여부	점검결과		
		양호	보통	미흡
조리모				
두발의 형태에 따른 손질(머리망 등)				
조리복 상의				
조리복 바지				
앞치마				
스카프				
안전화				
손톱의 길이 및 매니큐어 여부				
반지, 시계, 팔찌 등				
짙은 화장				
향수				
손 씻기				
상처유무 및 적절한 조치				
흰색 행주 지참				
사이드 타월				
개인용 조리도구				

일일 위생 점검표(퇴실준비)

점검일 :　　년　　월　　일　　이름 :

점검 항목	착용 및 실시 여부	점검결과		
		양호	보통	미흡
그릇, 기물 세척 및 정리정돈				
기계, 도구, 장비 세척 및 정리정돈				
작업대 청소 및 물기 제거				
가스레인지 또는 인덕션 청소				
양념통 정리				
남은 재료 정리정돈				
음식 쓰레기 처리				
개수대 청소				
수도 주변 및 세제 관리				
바닥 청소				
청소도구 정리정돈				
전기 및 Gas 체크				

일일 개인위생 점검표(입실준비)

점검일 : 년 월 일 이름 :

점검 항목	착용 및 실시 여부	점검결과		
		양호	보통	미흡
조리모				
두발의 형태에 따른 손질(머리망 등)				
조리복 상의				
조리복 바지				
앞치마				
스카프				
안전화				
손톱의 길이 및 매니큐어 여부				
반지, 시계, 팔찌 등				
짙은 화장				
향수				
손 씻기				
상처유무 및 적절한 조치				
흰색 행주 지참				
사이드 타월				
개인용 조리도구				

일일 위생 점검표(퇴실준비)

점검일 : 년 월 일 이름 :

점검 항목	착용 및 실시 여부	점검결과		
		양호	보통	미흡
그릇, 기물 세척 및 정리정돈				
기계, 도구, 장비 세척 및 정리정돈				
작업대 청소 및 물기 제거				
가스레인지 또는 인덕션 청소				
양념통 정리				
남은 재료 정리정돈				
음식 쓰레기 처리				
개수대 청소				
수도 주변 및 세제 관리				
바닥 청소				
청소도구 정리정돈				
전기 및 Gas 체크				

일일 개인위생 점검표(입실준비)

점검일 :　　년　　월　　일　　　이름 :

점검 항목	착용 및 실시 여부	점검결과		
		양호	보통	미흡
조리모				
두발의 형태에 따른 손질(머리망 등)				
조리복 상의				
조리복 바지				
앞치마				
스카프				
안전화				
손톱의 길이 및 매니큐어 여부				
반지, 시계, 팔찌 등				
짙은 화장				
향수				
손 씻기				
상처유무 및 적절한 조치				
흰색 행주 지참				
사이드 타월				
개인용 조리도구				

일일 위생 점검표(퇴실준비)

점검일 :　　년　　월　　일　　　이름 :

점검 항목	착용 및 실시 여부	점검결과		
		양호	보통	미흡
그릇, 기물 세척 및 정리정돈				
기계, 도구, 장비 세척 및 정리정돈				
작업대 청소 및 물기 제거				
가스레인지 또는 인덕션 청소				
양념통 정리				
남은 재료 정리정돈				
음식 쓰레기 처리				
개수대 청소				
수도 주변 및 세제 관리				
바닥 청소				
청소도구 정리정돈				
전기 및 Gas 체크				

______ 주차

일일 개인위생 점검표(입실준비)

점검일 : 년 월 일 이름 :

점검 항목	착용 및 실시 여부	점검결과		
		양호	보통	미흡
조리모				
두발의 형태에 따른 손질(머리망 등)				
조리복 상의				
조리복 바지				
앞치마				
스카프				
안전화				
손톱의 길이 및 매니큐어 여부				
반지, 시계, 팔찌 등				
짙은 화장				
향수				
손 씻기				
상처유무 및 적절한 조치				
흰색 행주 지참				
사이드 타월				
개인용 조리도구				

일일 위생 점검표(퇴실준비)

점검일 : 년 월 일 이름 :

점검 항목	착용 및 실시 여부	점검결과		
		양호	보통	미흡
그릇, 기물 세척 및 정리정돈				
기계, 도구, 장비 세척 및 정리정돈				
작업대 청소 및 물기 제거				
가스레인지 또는 인덕션 청소				
양념통 정리				
남은 재료 정리정돈				
음식 쓰레기 처리				
개수대 청소				
수도 주변 및 세제 관리				
바닥 청소				
청소도구 정리정돈				
전기 및 Gas 체크				

일일 개인위생 점검표(입실준비)

점검일 :　　년　월　일　　이름 :

점검 항목	착용 및 실시 여부	점검결과		
		양호	보통	미흡
조리모				
두발의 형태에 따른 손질(머리망 등)				
조리복 상의				
조리복 바지				
앞치마				
스카프				
안전화				
손톱의 길이 및 매니큐어 여부				
반지, 시계, 팔찌 등				
짙은 화장				
향수				
손 씻기				
상처유무 및 적절한 조치				
흰색 행주 지참				
사이드 타월				
개인용 조리도구				

일일 위생 점검표(퇴실준비)

점검일 :　　년　월　일　　이름 :

점검 항목	착용 및 실시 여부	점검결과		
		양호	보통	미흡
그릇, 기물 세척 및 정리정돈				
기계, 도구, 장비 세척 및 정리정돈				
작업대 청소 및 물기 제거				
가스레인지 또는 인덕션 청소				
양념통 정리				
남은 재료 정리정돈				
음식 쓰레기 처리				
개수대 청소				
수도 주변 및 세제 관리				
바닥 청소				
청소도구 정리정돈				
전기 및 Gas 체크				

_____ 주차

일일 개인위생 점검표(입실준비)

점검일 : 년 월 일 이름 :

점검 항목	착용 및 실시 여부	점검결과		
		양호	보통	미흡
조리모				
두발의 형태에 따른 손질(머리망 등)				
조리복 상의				
조리복 바지				
앞치마				
스카프				
안전화				
손톱의 길이 및 매니큐어 여부				
반지, 시계, 팔찌 등				
짙은 화장				
향수				
손 씻기				
상처유무 및 적절한 조치				
흰색 행주 지참				
사이드 타월				
개인용 조리도구				

일일 위생 점검표(퇴실준비)

점검일 : 년 월 일 이름 :

점검 항목	착용 및 실시 여부	점검결과		
		양호	보통	미흡
그릇, 기물 세척 및 정리정돈				
기계, 도구, 장비 세척 및 정리정돈				
작업대 청소 및 물기 제거				
가스레인지 또는 인덕션 청소				
양념통 정리				
남은 재료 정리정돈				
음식 쓰레기 처리				
개수대 청소				
수도 주변 및 세제 관리				
바닥 청소				
청소도구 정리정돈				
전기 및 Gas 체크				

일일 개인위생 점검표(입실준비)

점검일 : 년 월 일 이름 :

점검 항목	착용 및 실시 여부	점검결과		
		양호	보통	미흡
조리모				
두발의 형태에 따른 손질(머리망 등)				
조리복 상의				
조리복 바지				
앞치마				
스카프				
안전화				
손톱의 길이 및 매니큐어 여부				
반지, 시계, 팔찌 등				
짙은 화장				
향수				
손 씻기				
상처유무 및 적절한 소지				
흰색 행주 지참				
사이드 타월				
개인용 조리도구				

일일 위생 점검표(퇴실준비)

점검일 : 년 월 일 이름 :

점검 항목	착용 및 실시 여부	점검결과		
		양호	보통	미흡
그릇, 기물 세척 및 정리정돈				
기계, 도구, 장비 세척 및 정리정돈				
작업대 청소 및 물기 제거				
가스레인지 또는 인덕션 청소				
양념통 정리				
남은 재료 정리정돈				
음식 쓰레기 처리				
개수대 청소				
수도 주변 및 세제 관리				
바닥 청소				
청소도구 정리정돈				
전기 및 Gas 체크				

_____ 주차

일일 개인위생 점검표(입실준비)

점검일 : 년 월 일 이름 :				
점검 항목	착용 및 실시 여부	점검결과		
		양호	보통	미흡
조리모				
두발의 형태에 따른 손질(머리망 등)				
조리복 상의				
조리복 바지				
앞치마				
스카프				
안전화				
손톱의 길이 및 매니큐어 여부				
반지, 시계, 팔찌 등				
짙은 화장				
향수				
손 씻기				
상처유무 및 적절한 조치				
흰색 행주 지참				
사이드 타월				
개인용 조리도구				

일일 위생 점검표(퇴실준비)

점검일 : 년 월 일 이름 :				
점검 항목	착용 및 실시 여부	점검결과		
		양호	보통	미흡
그릇, 기물 세척 및 정리정돈				
기계, 도구, 장비 세척 및 정리정돈				
작업대 청소 및 물기 제거				
가스레인지 또는 인덕션 청소				
양념통 정리				
남은 재료 정리정돈				
음식 쓰레기 처리				
개수대 청소				
수도 주변 및 세제 관리				
바닥 청소				
청소도구 정리정돈				
전기 및 Gas 체크				

일일 개인위생 점검표(입실준비)

점검일 : 년 월 일 이름 :

점검 항목	착용 및 실시 여부	점검결과		
		양호	보통	미흡
조리모				
두발의 형태에 따른 손질(머리망 등)				
조리복 상의				
조리복 바지				
앞치마				
스카프				
안전화				
손톱의 길이 및 매니큐어 여부				
반지, 시계, 팔찌 등				
짙은 화장				
향수				
손 씻기				
상처유무 및 적절한 조치				
흰색 행주 지참				
사이드 타월				
개인용 조리도구				

일일 위생 점검표(퇴실준비)

점검일 : 년 월 일 이름 :

점검 항목	착용 및 실시 여부	점검결과		
		양호	보통	미흡
그릇, 기물 세척 및 정리정돈				
기계, 도구, 장비 세척 및 정리정돈				
작업대 청소 및 물기 제거				
가스레인지 또는 인덕션 청소				
양념통 정리				
남은 재료 정리정돈				
음식 쓰레기 처리				
개수대 청소				
수도 주변 및 세제 관리				
바닥 청소				
청소도구 정리정돈				
전기 및 Gas 체크				

일일 개인위생 점검표(입실준비)

점검일 :　　년　　월　　일　　　이름 :

점검 항목	착용 및 실시 여부	점검결과		
		양호	보통	미흡
조리모				
두발의 형태에 따른 손질(머리망 등)				
조리복 상의				
조리복 바지				
앞치마				
스카프				
안전화				
손톱의 길이 및 매니큐어 여부				
반지, 시계, 팔찌 등				
짙은 화장				
향수				
손 씻기				
상처유무 및 적절한 조치				
흰색 행주 지참				
사이드 타월				
개인용 조리도구				

일일 위생 점검표(퇴실준비)

점검일 :　　년　　월　　일　　　이름 :

점검 항목	착용 및 실시 여부	점검결과		
		양호	보통	미흡
그릇, 기물 세척 및 정리정돈				
기계, 도구, 장비 세척 및 정리정돈				
작업대 청소 및 물기 제거				
가스레인지 또는 인덕션 청소				
양념통 정리				
남은 재료 정리정돈				
음식 쓰레기 처리				
개수대 청소				
수도 주변 및 세제 관리				
바닥 청소				
청소도구 정리정돈				
전기 및 Gas 체크				

일일 개인위생 점검표(입실준비)

점검일 : 　　년　월　일　　이름 :

점검 항목	착용 및 실시 여부	점검결과		
		양호	보통	미흡
조리모				
두발의 형태에 따른 손질(머리망 등)				
조리복 상의				
조리복 바지				
앞치마				
스카프				
안전화				
손톱의 길이 및 매니큐어 여부				
반지, 시계, 팔찌 등				
짙은 화장				
향수				
손 씻기				
싱처유무 및 적질한 조치				
흰색 행주 지참				
사이드 타월				
개인용 조리도구				

일일 위생 점검표(퇴실준비)

점검일 : 　　년　월　일　　이름 :

점검 항목	착용 및 실시 여부	점검결과		
		양호	보통	미흡
그릇, 기물 세척 및 정리정돈				
기계, 도구, 장비 세척 및 정리정돈				
작업대 청소 및 물기 제거				
가스레인지 또는 인덕션 청소				
양념통 정리				
남은 재료 정리정돈				
음식 쓰레기 처리				
개수대 청소				
수도 주변 및 세제 관리				
바닥 청소				
청소도구 정리정돈				
전기 및 Gas 체크				

일일 개인위생 점검표(입실준비)

점검일 :　　년　월　일　　이름 :

점검 항목	착용 및 실시 여부	점검결과		
		양호	보통	미흡
조리모				
두발의 형태에 따른 손질(머리망 등)				
조리복 상의				
조리복 바지				
앞치마				
스카프				
안전화				
손톱의 길이 및 매니큐어 여부				
반지, 시계, 팔찌 등				
짙은 화장				
향수				
손 씻기				
상처유무 및 적절한 조치				
흰색 행주 지참				
사이드 타월				
개인용 조리도구				

일일 위생 점검표(퇴실준비)

점검일 :　　년　월　일　　이름 :

점검 항목	착용 및 실시 여부	점검결과		
		양호	보통	미흡
그릇, 기물 세척 및 정리정돈				
기계, 도구, 장비 세척 및 정리정돈				
작업대 청소 및 물기 제거				
가스레인지 또는 인덕션 청소				
양념통 정리				
남은 재료 정리정돈				
음식 쓰레기 처리				
개수대 청소				
수도 주변 및 세제 관리				
바닥 청소				
청소도구 정리정돈				
전기 및 Gas 체크				

한혜영

현) 충북도립대학교 조리제빵과 교수
어린이급식관리지원센터 센터장
- 세종대학교 조리외식경영학전공 조리학 박사
- 숙명여자대학교 전통식생활문화전공 석사
- 조리기능장
- Le Cordon bleu (France, Australia) 연수
- The Culinary Institute of America 연수
- Cursos de cocina espanola en sevilla (Spain) 연수
- Italian Culinary Institute For Foreigner 연수
- 롯데호텔 서울
- 인터컨티넨탈 호텔 서울
- 떡제조기능사, 조리산업기사, 조리기능장 출제위원 및 심사위원
- 한국외식산업학회 이사
- 농림축산식품부장관상, 식약처장상, 해양수산부장관상, 산림청장상
- 대전지방식품의약품안전청장상, 충북도지사상
- KBS 비타민, 위기탈출넘버원
- 한혜영 교수의 재미있고 맛있는 음식이야기 CJB 라디오 청주방송
- SBS 모닝와이드
- MBC 생방송오늘아침 등
- 파리, 대만, 홍콩, 알제리, 카타르, 싱가포르, 상해, 터키, 리옹, 라스베이거스, 요르단, 쿠웨이트, 터키, 말레이시아, 미국, 오만, 에콰도르, 파나마, 카타르, 몽골, 체코, 브라질, 네덜란드, 호주, 일본 등 대사관 초청 한국음식 강의 및 홍보행사
- 순창, 임실, 옥천, 밀양, 화천, 봉화, 진천, 태백, 경주, 서산, 충주, 양양, 웅진, 성주, 이천 등 메뉴개발 및 강의

저서
- 한혜영의 한국음식, 효일출판사, 2013
- NCS 자격검정을 위한 한식조리 12권, 백산출판사, 2016
- NCS 자격검정을 위한 한식기초조리실무, 백산출판사, 2017
- NCS 자격검정을 위한 알기쉬운 한식조리, 백산출판사, 2017
- NCS 한식조리실무, 백산출판사, 2017
- 조리사가 꼭 알아야 할 단체급식, 백산출판사, 2018
- 양식조리 NCS학습모듈 공동 집필 8권, 한국직업능력개발원, 2018
- 동남아요리, 백산출판사, 2019
- 떡제조기능사, 비앤씨월드, 2020
- 푸드스타일링 실습, 충북도립대학교, 2020

김업식

현) 연성대학교 호텔외식조리과 호텔조리전공 교수
- 경희대학교 대학원 식품학 박사
- (주)웨스틴조선호텔 한식당 셔블 Chef
- 베트남 대우호텔 페스티벌 주관
- 일본 동경 웨스틴 호텔 한국음식 페스티벌 주관
- 서울국제요리대회 심사위원
- 용수산, 강강술래, 썬앳푸드 자문위원
- 메리어트호텔, 해비치호텔 자문위원
- 한국산업인력공단 감독위원
- 네바다주립대(U.N.L.V) 조리연수
- C.I.A. 조리연수, COPIA 와인연수

저서
- 21세기 한국음식, 효일출판사, 2012
- 주방시설관리론, 효일출판사, 2010
- 전통혼례음식, 광문각, 2007

신은채

현) 동원과학기술대학교 호텔외식조리과 교수
양산시 시설관리공단 〈숲애서〉 자문위원장
- 한식조리기능사, 조리산업기사 감독위원
- 세종대학교 식품영양학과 이학사
- 서울대학교 보건대학원 보건학 석사
- 동아대학교 식품영양학과 이학박사
- 한식세계화 한식전문조리인력양성과정장
- 채널A 먹거리 X파일 착한식당 검증단

안정화

현) 부천대학교 호텔조리학과 겸임교수
호원대학교 식품외식조리학과 겸임교수
전) 청운대학교 전통조리과 외래교수
- 세종대학교 외식경영학과 석사
- 조리기능장
- The Culinary Institute of America 연수
- Cursos de Cocina Espanola en Sevilla (Spain) 연수
- 중국양생협회 약선요리 연수
- 한식조리산업기사, 양식조리산업기사, 맛평가사
- 더록스레스토랑 총괄조리장
- KWCA KCC 심사위원
- 세계음식문화원 상임이사
- 해양수산부장관상
- 사찰요리 대상(서울시장상)
- 쌀요리대회 대상
- SBS생방송투데이(조선시대 면요리)
- KBS약선요리
- YTN 뇌의 건강한 요리

저서
- 한식조리기능사(효일출판사)
- 양식조리기능사(백산출판사)

저자와의
합의하에
인지첩부
생략

한식조리 숙채

2022년 3월 5일 초판 1쇄 인쇄
2022년 3월 10일 초판 1쇄 발행

지은이 한혜영 · 김업식 · 신은채 · 안정화
펴낸이 진욱상
펴낸곳 (주)백산출판사
교 정 박시내
본문디자인 신화정
표지디자인 오정은

등 록 2017년 5월 29일 제406-2017-000058호
주 소 경기도 파주시 회동길 370(백산빌딩 3층)
전 화 02-914-1621(代)
팩 스 031-955-9911
이메일 edit@ibaeksan.kr
홈페이지 www.ibaeksan.kr

ISBN 979-11-6567-470-0 93590
값 13,000원